関数の極大値・極小値と多変数関数の微分

田中 久四郎 著

「d-book」
シリーズ

http：//euclid.d-book.co.jp/

電気書院

目　次

1　関数の極値

- 1・1　関数値の無限大と無限小 …………………………………………………… 1
- 1・2　極点での変数と関数値の変化状況 …………………………………………… 3
- 1・3　関数の極大，極小とその求め方 ……………………………………………… 5
- 1・4　極大と極小の判定法 …………………………………………………………… 8
  - （1）極点前後の関数値の変化による判定法 ……………………………………… 9
  - （2）第1次導関数の符号の変化による判定法 …………………………………… 12
  - （3）第2次導関数の符号の変化による判定法 …………………………………… 15
  - （4）高次導関数の符号による一般的な判定 ……………………………………… 18

2　多変数関数の微分法

- 2・1　2変数関数と偏微分係数 ……………………………………………………… 21
- 2・2　2変数関数の全微分と応用 …………………………………………………… 26
- 2・3　高次偏微分係数と応用 ………………………………………………………… 29
- 2・4　2変数関数の極値と判定法 …………………………………………………… 34
- 2・5　多変数関数の全微分と極値 …………………………………………………… 38

3　関数の極値についての例題　　　　　　　　　　　　　　　　　　　40

4　関数の極値の要点

- （1）関数値の無限大と無限小 ……………………………………………………… 54
- （2）関数の極値と判定 ……………………………………………………………… 54

5　多変数関数の微分法の例題　　　　　　　　　　　　　　　　　　56

6　多変数関数の微分法の要点

- （1）偏微分，偏微分係数，偏導関数 ……………………………………………… 59
- （2）2変数関数の全微分と応用 …………………………………………………… 59

(3) 高次偏微分係数と応用 …………………………………… 59
　　(4) 2変数関数の極値と判定法 ………………………………… 60
　　(5) 多変数関数の全微分と極値 ………………………………… 60

7　演習問題

7·1　関数の極値の演習問題 ……………………………………… 61
7·2　多変数関数の微分法の演習問題 …………………………… 62
7·3　微分法の演習問題 …………………………………………… 64

1 関数の極値

1・1 関数値の無限大と無限小

極限値　いま，例えば $y=f(x)=1/(x-a)$ なる x の関数で，変数 x の値が限りなく a の値に近づくと，y の値はそれに応じて限りなく増大して行く．その状況を示すと図1・1のようになり，変数 x が a より小さい値から次第に増加して a に近づくと，$y=f(x)$ の極限値は負の無限大，すなわち，$\lim_{x \to a-} f(x) = -\infty$ となり，変数 x が a より大きい値から次第に減少して a に近づくと $f(x)$ の極限値は正の無限大，すなわち $\lim_{x \to a+} f(x) = \infty$ と

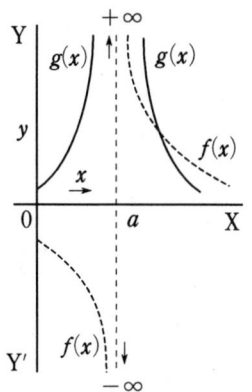

図1・1　関数値の $+\infty$ と $-\infty$

なる．この無限大 $\pm\infty$ を漠然として意識の底で"無限に大きい数"と固定的に考えやすいが，これは古代ギリシヤの昔から19世紀の始めまで抱かれてきた迷妄で，$\pm\infty$ の真の姿は，とどまるところなく無限に大きくなりつつある変数であって，これを定数という観念の檻の中にとじこめて考えることはできない．

したがって $\lim_{x \to a\pm} = \pm\infty$ の等号 $=$ は，一般の方程式のように左辺と右辺が相等しいという定量的な関係をあらわしていない．すなわち，$x \to a\pm$ になると，その極限において，$f(x)$ は無限に大きく変化して行く変数になるという定性的な関係を示している．このように ∞ は無限に大きく変化しつつある変数だから，ここに二つの ∞ があったとしても，その差は時々刻々と変って不定となり，その差をとって，その大きさを比較することができない．

変数　

ところがいま，仮に $g(x)=1/(x-a)^2$ なる変数 x の関数 $g(x)$ をとって，$x \to a\pm$ とすると，いずれの場合も正の無限大 $+\infty$ になるが，これをグラフに画くと図1・1の $g(x)$ のようになり，前の $f(x)$ よりも ∞ になる速度の大きいことがわかる．そこで，

無限大の位数　この無限大に成長する速度をもって，無限大の位数または次数と称する．

いま，変数 x の任意の関数 $f(x)$ と $g(x)$ が $x \to a\pm$ で，そのいずれの絶対値も無限大となるとき，これを $x \to a$ で $f(x)=\infty$, $g(x)=\infty$ と記し，

1 関数の極値

両者の比 $\displaystyle\lim_{x \to a} \frac{f(x)}{g(x)} = \lambda$ とすると,

同位の無限大

(1) λ が定数であると, $f(x)$ と $g(x)$ は同位の無限大になる. これを $f(x) \sim g(x)$ と記す. 例えば $f(x) = \sqrt{a^2 + x^2}$, $g(x) = bx$ とすると, それらはいずれもが $x \to \infty$ で ∞ になり,

$$\lim_{x \to \infty} \frac{f(x)}{g(x)} = \lim_{x \to \infty} \frac{\sqrt{a^2 + x^2}}{bx} = \lim_{x \to \infty} \sqrt{\frac{a^2}{b^2 x^2} + \frac{1}{b^2}} = \frac{1}{b}$$

となるので, この場合, $x \to \infty$ に対し $f(x) \sim g(x)$ になる.

高位の無限大

(2) λ が 0 であると, $g(x)$ の方が無限大になる速度が大で, $g(x)$ の方が高位の無限大になる. これを $g(x) \succ f(x)$ と記す. 例えば $f(x) = a\sqrt{x}$, $g(x) = bx$ とすると, いずれも $x \to \infty$ で ∞ になり,

$$\lim_{x \to \infty} \frac{f(x)}{g(x)} = \lim_{x \to \infty} \frac{a\sqrt{x}}{bx} = \lim_{x \to \infty} \frac{a}{b\sqrt{x}} = 0$$

となるので, この場合, $x \to \infty$ に対し, $g(x) \succ f(x)$ になる.

(3) λ が ∞ であると $f(x)$ の方が高位の無限大となり, これを $f(x) \succ g(x)$ と記す. 例えば $f(x) = a\varepsilon^x$, $g(x) = bx^2$ とすると, いずれも $x \to \infty$ で ∞ になり,

$$a\varepsilon^x = a\left(1 + x + \frac{x^2}{2!} + \frac{x^3}{3!} + \cdots\cdots\right)$$

になるので

$$\lim_{x \to \infty} \frac{f(x)}{g(x)} = \lim_{x \to \infty} \frac{a}{b}\left(\frac{1}{x^2} + \frac{1}{x} + \frac{1}{2!} + \frac{x}{3!} + \cdots\cdots\right) = \infty$$

となるので, この場合 $x \to \infty$ に対し $f(x) \succ g(x)$ になる.

(注) 以上で扱った関数を無限大の位数の大きいものからならべると, $a\varepsilon^x$, bx^2, bx, $a\sqrt{x}$ になる.

無限小

さて, この無限大の逆数 $1/\infty$ をとって考えると, これは限りなく減少しつつある変数になり, これを無限小という. 例えば $f(x) = (x-a)$ や $f(x) = (x-a)^2$ で, 変数 x が限りなく a に近づくと, $f(x)$ はいずれも無限小になり, $\displaystyle\lim_{x \to a}(x-a) = 0$, $\displaystyle\lim_{x \to a}(x-a)^2 = 0$ になるが, この場合の等号 = も前と同様に左辺と右辺が定量的に等しいことをあらわしているのでなく, $f(x)$ が $x \to a$ で無限に減少する変数になるという定性的な関係を示している. ここで $x = a$ とすれば $x - a = 0$ で, 無限小などという考えを持ち出さなくとも 0 でないかと反問されようが, $x = a$ ならそれはそれなりに正しいが, $x \to a$ の a を仮に 1 とし, x を 1 に近づける近づけ方を考えてみると, 0.99999… といくら 9 を並べても 1 にはならない, ということは, この 0.99999… が限りなく不断に 1 に近づくことを示していて, それに応じて $(x-a)$ は限りなく小さくなって行くので, 上式の 0 は, この無限に小さくなりつつある無限小をあらわすことになる. また, ∞ は Y 軸に平行な上向き下向きの直線となって $+\infty$, $-\infty$ を生ずるが, 無限小 0 は X 軸上の 1 点におさまるので $\pm$ はない.

このように無限小は無限に減少しつつある変数だから, ∞ の場合と同様に, その差をとって大小を比較できないが, 無限小になる速度によって, その位数が比較で

-2-

きる．例えば，$x \to \infty$ に対し，$1/a\varepsilon^x$，$1/bx^2$，$1/bx$，$1/a\sqrt{x}$ はいずれも無限小になり，その無限小になる速さは無限大になる速さが大きいものほど大きいので，上例の無限小の位数は $1/a\varepsilon^x$ が最大で，以下，上記の順になる．したがって無限大の場合と同様に，x の関数 $f(x)$，$g(x)$ がいずれも，$x \to a$ で無限小になるとして，

$$\lim_{x \to a} \frac{f(x)}{g(x)} = \lambda \quad \text{をとって考えると,}$$

(1) λ が定数であると，$f(x)$ と $g(x)$ は同位の無限小になり，
(2) λ が 0 であると，$f(x)$ の方が高位の無限小であり，
(3) λ が $\pm\infty$ であると，$g(x)$ の方が高位の無限小になる．

いま，$f_1(x) = x$，$f_2(x) = x^2$，$f_3(x) = x^3 \cdots$ とすると，上記から立証できるように，x を第 1 位の無限小とすると，$f_2(x)$，$f_3(x)$ は第 2 位，第 3 位の無限小となり，x^n は第 n 位の無限小であって，一般に

$$\lim_{x \to 0} \frac{f(x)}{x^n} = k \quad k \text{；有限な定数}$$

とすると，$f(x)$ は x^n と同位になって，第 n 位の無限小になる．ところで，いま n を正数として

$$y = a_0 x^n + a_1 x^{n+1} + a_2 x^{n+2} + \cdots$$

なる x の昇べき関数で，$x \to 0$ としたときの極限値を考える．

この両辺を $a_0 x^n$ で除して右辺の極限をとると

$$\frac{y}{a_0 x^n} = \lim_{x \to 0}\left(1 + \frac{a_1}{a_0}x + \frac{a_2}{a_0}x^2 + \cdots\right) = 1 \quad \therefore \ y = a_0 x^n \qquad (1\cdot1)$$

となるので，このような式での極限値を考える場合には $a_0 x^n$ より高位の無限小を省略して考えてよく，y の符号も性質も，その極限において $a_0 x^n$ のみに支配されることになる．この近似手法は広く工学上の計算に応用されている．

1・2　極点での変数と関数値の変化状況

変数 x の任意の関数 $f(x)$ が 1 価連続であり，第 n 次微係数 $f^{(n)}(x)$ を有していて，変域内の $x = a$ において，第 n 次以下の微係数が 0，すなわち

$$f'(a) = f''(a) = \cdots = f^{(n-1)}(a) = 0, \quad f^{(n)}(a) \neq 0 \qquad (1)$$

であるとする．このとき $x \to a$ として $(x-a)$ を第 1 位の無限小とする．また，この $f(x)$ はテイラーの定理によって

$$f(x) = f(a) + \frac{f'(a)}{1!}(x-a) + \frac{f''(a)}{2!}(x-a)^2 + \cdots$$
$$+ \frac{f^{(n-1)}(a)}{(n-1)!}(x-a)^{n-1} + \frac{f^{(n)}\{a+\theta(x-a)\}}{n!}(x-a)^n \qquad (2)$$

この (2) 式に (1) 式の仮定を用いると

1 関数の極値

$$f(x) = f(a) + \frac{f^{(n)}\{a+\theta(x-a)\}}{n!}(x-a)^n$$

$$\frac{f(x)-f(a)}{(x-a)^n} = \frac{1}{n!}f^{(n)}\{a+\theta(x-a)\}$$

となる．ここで $x \to a$ の極限をとると

$$\lim_{x \to a}\frac{f(x)-f(a)}{(x-a)^n} = \lim_{x \to a}\frac{1}{n!}f^{(n)}\{a+\theta(x-a)\} = \frac{1}{n!}f^{(n)}(a) \qquad (1\cdot 2)$$

となり，右辺は仮定(1)式によって有限であって0でないから，1・1の説明から明らかなように，変数の変化 $(x-a)$ を第1位の無限小とすると，関数値の変化 $f(x)-f(a)$ は $(x-a)^n$ と同位，すなわち第 n 位と無限小になる．このことを一般的な極点 関数値が極大または極小になる点 について考えてみよう．

極点　変数 x の関数 $y=f(x)$ の値が極大または極小となる極点では

$$f(x) = \lim_{\Delta x \to 0}\frac{\Delta y}{\Delta x} = \frac{dy}{dx} = f'(a) = 0$$

となり，図1・2のように，極点に引いた曲線への接線はX軸に平行になる．この $y=f(x)$ を極大または極小にする x の値 a は，$f'(x)=0$ の根として求められる．例えば

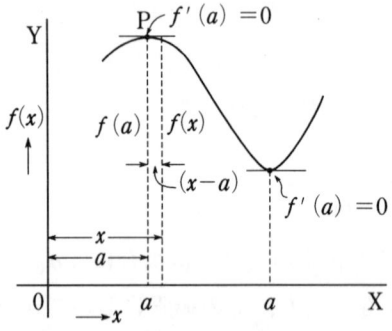

図1・2　極点での変数と関数値の変化

$$f(x) = 4x^3 + 3x^2 - 18x + 5$$

とすると，

$$f'(x) = 12x^2 + 6x - 18$$

この両辺を6で約して

$$2x^2 + 1x - 3 = 0$$

として，その根を求めると

$$x = a = \frac{-1 \pm \sqrt{1+4\times 2\times 3}}{2\times 2} = -1.5 \text{ または } 1$$

これを原式に代入すると明らかなように $a=-1.5$ は極大点に，$a=1$ は極小点になる．ところで，いま仮に $f'(a)=0$ であり $f''(a) \neq 0$ として，前記の(1・2)式を $x=a$ 点に適用すると

$$\lim_{x \to a}\frac{f(x)-f(a)}{(x-a)^2} = \frac{1}{2!}f''(a) = \frac{1}{2}f''(a)$$

となるから，変数の変化 $(x-a)$ を第1位の無限小とすると，関数値の変化 $f(x)-f(a)$ は第2位の無限小になるので，このような極点では，変数の微小な変化に対する関数値の変化は無視してよく，これを一定と見ることができる．

1·3 関数の極大，極小とその求め方

関数の極大極小の問題を最初に手がけたのはケプレルで，彼は1612年ごろウィーンに滞在中，酒樽の容積について，これを考察し「酒樽の立体幾何学」（Stereometria doliorum Vinariorium）として発表（1615年刊）した．

次にフェルマがこれを発展させて

「関数$f(x)$が変域(p, q)で定義されていて，しかも，その内点$a(p < a < q)$で極値をとるものとし，かつその点で微係数$f'(a)$が存在しているとすると，必ず $f'(a) = 0$になる」

とした．次にこれをテイラーの定理を用いて厳密に考えてみよう．図1·3のように曲線上の任意の点Pに対応する変数の値aに対し，それに近くxをとった場合，前項のようにテイラーの定理によって

テイラーの定理

$$f(x) - f(a) = (x-a)f'(a) + \frac{(x-a)^2}{2!}f''(a) + \cdots\cdots$$

の関係にある．いま，$f'(a) \neq 0$とすると，xを十分にaに近づけて$(x-a) \to 0$とした

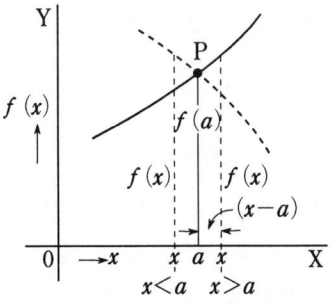

図1·3 テイラーの定理による証明

とき，上式右辺の第1項に対し，それより高次の第2項以下は無視できるので，右辺は最低位の無限小である第1項$(x-a)f'(a)$と同符号を有することになるので

(1) $f'(a) > 0$であると；右辺は$(x-a)$と同符号になる．したがって$x > a$だと$\{f(x) - f(a)\} > 0$, すなわち$f(x) > f(a)$であり，$x < a$だと$\{f(x) - f(a)\} < 0$, $f(x) < f(a)$であって，この場合$f(x)$は実線のように$x = a$で増加している．

(2) $f'(a) < 0$であると；右辺は$(x-a)$と異符号になるので，$x > a$だと$\{f(x) - f(a)\} < 0$ すなわち$f(x) < f(a)$となり，$x < a$だと$f(x) > f(a)$であって，この場合，$f(x)$は$x = a$で点線のように減少しつつある．

いま，仮に$f(a)$が極大値であると，xの値がaより大きくても小さくても$f(a) > f(x)$とならねばならないが，$f'(a) > 0$のときには，$x > a$ではそうならない．また，$f'(a) < 0$では$x < a$でそうはならない．

同様に$f(a)$が極小値であると，xの値がaより大きくとも小さくとも$f(a) < f(x)$とならねばならないが，$f'(a) > 0$のときには，$x < a$ではそうならず，$f'(a) < 0$のときには$x > a$ではそうならない．

結局，$f'(a) > 0$でも$f'(a) < 0$でも極値はとれないから，極値では$f'(a) = 0$となる．これを常識的にいうと，$f'(a) > 0$では曲線は上り坂の途中に，$f'(a) < 0$では曲線は

1 関数の極値

下り坂の途中にあって，極大な山頂とも極小な谷底ともいえない．故に，極大または極小になるためには $f'(a) = 0$ にならねばならない．このように $f'(a) = 0$ となるような極点では，$f(x)$ の増加なり減少が止まるので，これを**停留点**ともいう．この停留点はまた**転換点**とも考えられる．

すなわち増加から減少に，減少から増加に転換する点であって，運動軌跡について考えても転換点での速度は0になる．例えば振子の振幅を時間 t に対し $f(t)$ とすると，その速度は $f'(t)$ となり，最大振幅の点では振幅は増加から減少に移り，その点での速度 $f'(t) = 0$ になる．

また，既述したように停留点での曲線への接線は，$f'(x) = \tan \alpha = 0$，$\alpha = 0$ または π となり X 軸と平行になる．ただし，この場合，停留点において $f(x)$ が必ず微係数を有しておらねばならない．そうでないと停留点とはいえない．例えば，図1·4の (a) $y = f(x) = |x|$ ── y の値が x の絶対値に等しい ── において，y は $x = 0$ のときに極小値をとるが，この点での微係数は存在しないから停留点といえない．$x = 0$ での接線は原直線と一致し二つの接線が引けるので $f'(0)$ は不定になる．このような点を**角点**という．

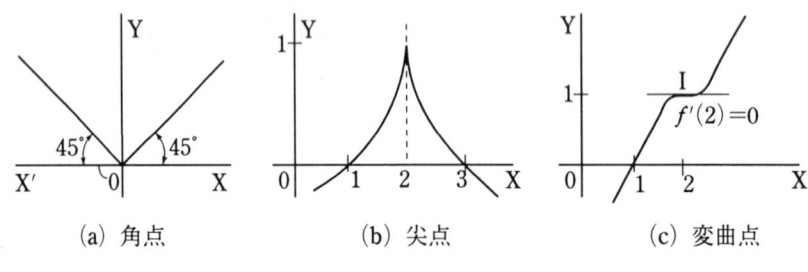

(a) 角点　　(b) 尖点　　(c) 変曲点

図 1·4

また同図の (b) は $y = 1 - (x-2)^{\frac{2}{3}}$ を示したもので $x = 2$ では**尖点**を構成し，この尖点での接線は Y 軸と平行であって $f'(2) = -\infty$ になり，$x = 2$ で y は極大値をとるが有限確定した微係数が存在しないので停留点とはいえない．さらに同図 (c) は $y = (x-2)^3 + 1$ を示したもので，この I 点では $f'(2) = 0$ になるが，極大とも極小ともいえない．これを**変曲点**という．

この例からも明らかなように極点（停留点）では必ず $f'(a) = 0$ になるといえるが，その逆に $f'(a) = 0$ なら $x = a$ で極値をとるとはいいきれない．これらの判定については 1·4 で述べよう．さて，変数 x のどのような値で $y = f(x)$ が極値をとるかを求めるには，既に記したように

(1) 与えられた関数 $y = f(x)$ を x について微分して第1次導関数 $f'(x)$ を求め，
(2) $f'(x) = 0$ とする x の根を求めればよい．

次に簡単な実例をあげて説明しよう．

〔例題1〕　$y = f(x) = x^3 + 3x^2 - 9x + 8$ の極値を求める．

$$f'(x) = 3x^2 + 6x - 9 = (x+3)(3x-3) = 0$$

$f(-3) = 35$，$f(1) = 3$ となるので，$x = -3$ は極大値を，$x = 1$ は極小値を与える．

〔例題2〕　$y = f(x) = \dfrac{x}{1+x^2}$ の極値を求める．

1·3 関数の極大，極小とその求め方

$$f'(x) = \frac{(1+x^2) - x(2x)}{(1+x^2)^2} = \frac{1-x^2}{(1+x^2)^2} = 0$$

$f(1) = 1/2$, $f(-1) = -1/2$ となるので $x = 1$ は極大値を，$x = -1$ は極小値を与える．

〔例題3〕 $\eta = f(I) = \dfrac{EI}{EI + I^2 R + W_c}$ （I 以外は定数）の極値を求める．

このような問題では原式の分母子を I で除して

$$\eta = f(I) = \frac{E}{E + IR + \dfrac{W_c}{I}} = \frac{E}{y}$$

とすると，分子は定数になるので，この分母 y の極大のとき η は極小になり，y が極小のとき η は極大になる．そこで

$$y' = R - \frac{W_c}{I^2} = 0 \qquad I = \pm\sqrt{\frac{W_c}{R}}$$

次章で判定するように，この場合 $I = \sqrt{W_c/R}$ で η が極大になる．

〔例題4〕 $y = f(\theta) = 3\sin\theta + 4\cos\theta$ の極値を求める．

$$f'(\theta) = 3\cos\theta - 4\sin\theta = 0 \qquad \tan\theta = \frac{3}{4}$$

ゆえに，$\theta = \arctan\dfrac{3}{4}$ において y に極値を与える．

〔例題5〕 $y = f(x) = \dfrac{x}{\log x}$ の極値を求める．

$$f'(x) = \frac{\log x - x \cdot \dfrac{1}{x}}{(\log x)^2} = \frac{\log x - 1}{(\log x)^2} = 0$$

ゆえに，$\log x = 1$, $x = \varepsilon^1 = \varepsilon$ で y に極値を与える．

（注）k を定数としたとき $f(x) + k$, $kf(x)$ や $\sqrt{f(x)}$, $\{f(x)\}^2$ などの極値を求めるには $f'(x)$ の根を求めればよい．何故なら

$$\frac{d}{dx}\{f(x) + k\} = f'(x), \quad \frac{d}{dx}kf(x) = kf'(x), \quad \frac{d}{dx}\sqrt{f(x)} = \frac{f'(x)}{2\sqrt{f(x)}}$$

$$\frac{d}{dx}\{f(x)\}^2 = 2f(x) \cdot f'(x)$$

というようになり，これらを0とする根は $f'(x)$ を0とする根となるからである．この関係を用いて極値の計算を簡便化できる場合もある．

このように関数の極限値を求めることは，関数の研究に重要なことがらであるが，これを一般的な関数について行うことは困難である．しかし上述したところから推察されるように

(1) 与えられた変域内で定義された関数 $f(x)$ が，この変域内の点で有限確定した第1次導関数 $f'(x)$ を有し，
(2) この第1次導関数 $f'(x)$ も変域内で連続であって，
(3) 変域内にいくつかの停留点がある．

ような関数について極値を求めることは容易である．

　補説するまでもないと思うが，第1次導関数$f'(x)$が連続なら，原関数$f(x)$は連続である．これは既に述べたように，$f'(x)$が曲線をあらわすなら，$f(x)$はこの曲線とX軸間の面積をあらわすので，$f'(x)$が連続なら$f(x)$も連続である．ところがこの逆の$f(x)$が連続だから$f'(x)$も連続だといえないことは，前の図1・4の(b)からも明らかで，$f'(x)$は$x=2$で∞となり不連続になる．

停留点　　また，関数$f(x)$の停留点が変域(p, q)内にないとすると，$f(x)$は(p, q)内で単調に増加するか減少するかである．何故なら，図1・5のように変域(p, q)内の二つの点x_1とx_2において，$f'(x)$の符号がちがうと，$f'(x)$は連続だから，x_1とx_2の間のある点で0になるはず —— $f'(x)$がX軸を切る点があるはず —— である．ところが停留点

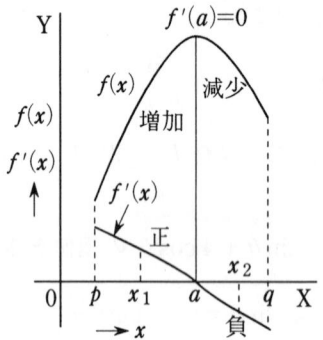

図1・5　$f(x)$と$f'(x)$

がないのだから，このようなことは起こらない．したがって停留点がないと(p, q)内で$f'(x)$の符号は一定で，$f(x)$は単調に増加か減少する．

　この関数の極大，極小を求める問題を分類すると
　(1) 変数のいかなる値で極大，極小を生ずるかを求めるもの．
　(2) 極大値，極小値を求めるもの．
　(3) 両者を合わせて求めるもの．
の3種になる．この(2)は上述したことをもととして解決できるが，(1)(3)を解決するためには，上記によって求められた極値が極大を与えるか，極小を与えるかを判別せねばならない．これには
　(1) 極値を原関数に代入して関数値を算定する方法
　(2) 極点前後の関数値の変化によって判定する方法
　(3) 第1次導関数の符号の変化によって判定する方法
　(4) 第2次導関数の符号によって判定する方法
　(5) 高次導関数の符号による一般的な判定法
などになるが，(1)は今までにも試みたが後述するように厳密にいって判定法にならない．一般に広く用いられているのは(4)である．次にこれらについて詳述しよう．

1・4　極大と極小の判定法

　前述したように極値を原関数に代入する方法は厳密にいって判定法に入らない．例えば，$y=f(x)=3x^2-x^3$なる関数において，xの変域を$(0, 3)$(開区間)とし，xの

1・4 極大と極小の判定法

値に応ずるyの値を計算すると

x	0	0.5	1	1.5	2	2.5	3
y	0	0.625	2	3.375	4	3.125	0

というようになる．このxの変化に対するyの変化をグラフに画くと図1・6の$f(x)$のようになり，この第1次導関数を求めると，$f'(x)=6x-3x^2$となり，xの同じ変域に対する$f'(x)$の値を計算すると

x	0	0.5	1	1.5	2	2.5	3
$f'(x)$	0	2.25	3	2.25	0	-3.75	-9

というようになり，これをグラフに画くと同図の$f'(x)$のようになる．この場合，極値を与えるxの値は$f'(x)=0$の根となり，この場合は上記より

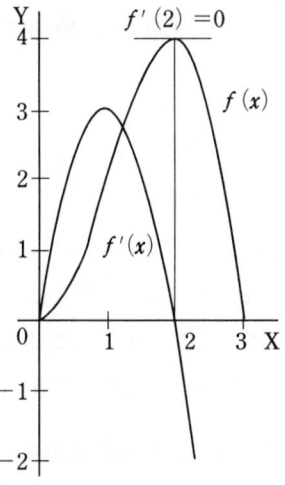

図1・6　$y=3x^2-x^3$の例

$$f'(x)=6x-3x^2=3x(2-x)=0$$

と求められ$3x=0$とすると$x=0$，$2-x=0$とすると$x=2$となるので，この$x=0$なり$x=2$は極値を与える．これを原式に代入すると

$$f(0)=3\times 0-0=0$$
$$f(2)=3\times 2^2-2^3=4$$

となるので，$x=2$が極大値を与えることは推定がつく．

　なお，極大，極小は変域内（この場合は開区間$0<x<3$）についていうので，$x=0$は変域の端点になり，$f(0)$は極小といえない．すなわち，この変域内には極大はあるが，極小はないことになる．ところが上記のような判定法は，極値を与える$x=0$と$x=2$を単に比較しただけであって，$x=2$の付近において$f(x)$が極大になるか否かを吟味したのではないから，極大，極小の厳密な判定法とはいえない．次に各種の極大，極小の判定法を述べよう．

(1) 極点前後の関数値の変化による判定法

　変数xの1価連続関数を$f(x)$とし，$f(x)$の第1次導関数を$f'(x)$として，$x=a$を$f'(x)=0$の一つの根とし，$x=a$の前後で変数として十分に小さな正数hをとって，$x=a-h$，$x=a+h$に対応する関数値$f(a-h)$および$f(a+h)$をとると，図1・7の(a)，(b)から明らかなように

(a) 図の極大点では　$f(a-h)<f(a)>f(a+h)$ 　　　(i)

(b) 図の極小点では　$f(a-h)>f(a)<f(a+h)$ 　　　(ii)

1 関数の極値

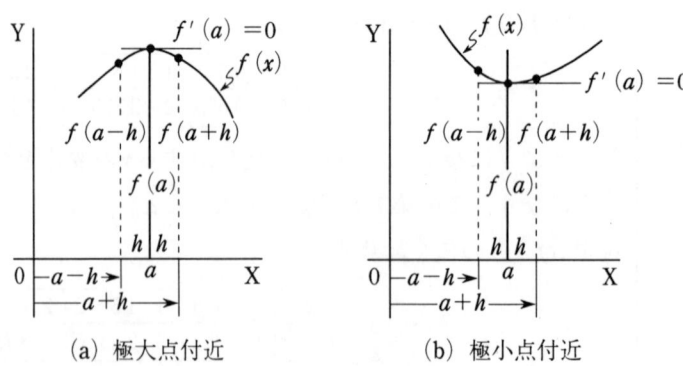

(a) 極大点付近　　　　　(b) 極小点付近

図 1・7　極点付近の関数値

極大値
極小値
となるので，$x=a$ の前後において関数値が (a) のようになれば，$x=a$ は $f(x)$ に**極大値**を，(b) のようになれば，$x=a$ は $f(x)$ に**極小値**を与えることがわかる．

（注）上記の (a)(b) に対して

$$f(a-h) \leq f(a) \geq f(a+h) \qquad \text{(i)}'$$

$$f(a-h) \geq f(a) \leq f(a+h) \qquad \text{(ii)}'$$

広義の極大，
**　　　　極小**
狭義の極大，
**　　　　極小**
のように極大，極小を定義したとき，これを広義の極大，極小といい，前の (i)(ii) のように定義したときを狭義の極大，極小という．例えば，富士山の頂上をあらわすような曲線では，山頂部分は狭義の定義では極大といえないが，広義の定義によると極大になる．ただし，われわれがここで取扱うのは狭義の極大，極小についてである．

例えば，図 1・6 の例では，$f'(x)=0$ とするのは $x=a=2$ であって，この $x=2$ が極大を与えるか極小を与えるかを判定するためには，$f(x)=3x^2-x^3$ であるから，$x=2$ の付近で小なる正数 $h=0.1$ をとり，$f(a-h)$，$f(a+h)$ を計算すると

$$f(a-h)=f(2-0.1)=f(1.9)=3\times 1.9^2-1.9^3=3.971$$

$$f(a+h)=f(2+0.1)=f(2.1)=3\times 2.1^2-2.1^3=3.699$$

かつ，$f(a)=f(2)=3\times 2^2-2^3=4$ であったから明らかに

$$f(a-h)<f(a)>f(a+h)$$

になり，$x=2$ は (i) によって $f(x)$ に極大値を与えることがわかる．

この計算を簡便に行うには，テイラーの定理を用いる．すなわち，

$$f(a+h)=f(a)+hf'(a)+\frac{h^2}{2!}f''(a)+\cdots\cdots\cdots$$

ここで，h を十分に小さくとり，$f'(x)=0$，$f''(a) \neq 0$ とすると，近似的に

$$f(a+h) \fallingdotseq f(a)+\frac{h^2}{2}f''(a) \qquad (1\cdot 3)$$

になる．これを本例に適用すると

$$f''(x)=\frac{d^2}{dx^2}(3x^2-x^3)=6-6x$$

したがって $f''(a)=f''(2)=6-6\times 2=-6$ となり

$$f(2\pm 0.1) \fallingdotseq 4+\frac{(\pm 0.1)^2}{2}\times(-6)=4-0.03=3.97$$

1・4 極大と極小の判定法

となる．ただし，$f''(a) = 0$ なら，さらに $f'''(a)$ をとるというようにする．

次に図 1・8 の (a) 図のように $f'(a) = 0$ となる点の前後で

$$f(a-h) < f(a) < f(a+h)$$

になったり，(b) 図のように

$$f(a-h) > f(a) > f(a+h)$$

変曲点 となるときは，再々述べたように $x = a$ で極点とならず**変曲点**になる．

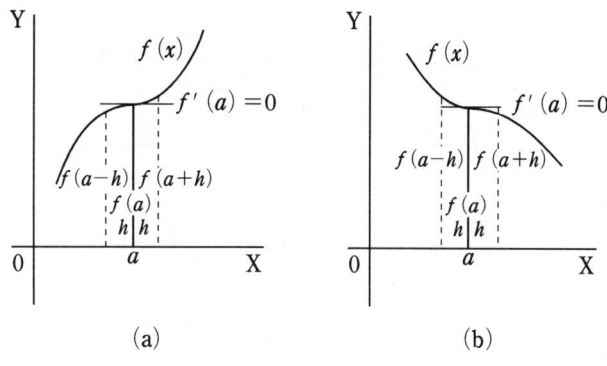

(a)　　　　　　　　　(b)

図 1・8　変曲点付近の関数値

〔例題 1〕　$f(x) = x^3 - 12x + 5$ の極大，極小を求める．

原関数を微分して第 1 次導関数を求め，これを 0 とおくと

$$f'(x) = 3x^2 - 12 = 3(x^2 - 4) = 3(x+2)(x-2) = 0$$

したがって，極値を与える x の値は $x = 2$ または $x = -2$ であって，(1・3) 式を用いて判定してみよう．

まず $x = 2$ の場合を吟味する．$h = 0.1$ にとると

$$f(a) = f(2) = 2^3 - 12 \times 2 + 5 = -11$$

$$f''(a) = f''(2) = 6 \times 2 = 12$$

$$f(2 \pm 0.1) \fallingdotseq -11 + \frac{(\pm 0.1)^2}{2} \times 12 = -10.94$$

$$\therefore \quad f(2 - 0.1) > f(2) < f(2 + 0.1)$$

となるので $f(2)$ は極小値を与える．

次に $x = -2$ の場合は前と同じく $h = 0.1$ とすると

$$f(a) = f(-2) = -8 + 24 + 5 = 21$$

$$f''(a) = f''(-2) = -6 \times 2 = -12$$

$$f(2 \pm 0.1) \fallingdotseq 21 + \frac{(0.1)^2}{2} \times (-12) = 20.94$$

$$\therefore \quad f(2 - 0.1) < f(-2) > f(2 \pm 0.1)$$

となるので $f(-2)$ は極大値を与える．

〔例題 2〕　$f(x) = x + \sin 2x$ の極大，極小を求める．ただし，$0 < x < \pi$ とする．

前例と同様に第 1 次導関数を求めて 0 とおくと

$$f'(x) = 1 + 2\cos 2x = 0 \quad \cos 2x = -\frac{1}{2}$$

ところが題意によると $0<2x<2\pi$ となるので，上記を満足させる $2x$ の値は

$$2x = \frac{2\pi}{3} \qquad \therefore x = \frac{\pi}{3}$$

$$2x = \frac{4\pi}{3} \qquad \therefore x = \frac{2\pi}{3}$$

また，この場合の第2次導関数 $f''(x)$ は，$f''(x) = -4\sin 2x$

$x = \dfrac{\pi}{3}$ の場合を吟味する．$h = 0.1$ にとると

$$f\left(\frac{\pi}{3}\right) = \frac{\pi}{3} + \sin\frac{2\pi}{3} = \frac{\pi}{3} + \frac{\sqrt{3}}{2} = 1.913$$

$$f''\left(\frac{\pi}{3}\right) = -4\sin\frac{2\pi}{3} = -4 \times \frac{\sqrt{3}}{2} = -2\sqrt{3}$$

$$f\left(\frac{\pi}{3} \pm 0.1\right) \fallingdotseq 1.913 + \frac{(\pm 0.1)^2}{2} \times (-2\sqrt{3}) = 1.896$$

$$\therefore \quad f\left(\frac{\pi}{3} - 0.1\right) < f\left(\frac{\pi}{3}\right) > f\left(\frac{\pi}{3} + 0.1\right)$$

となるので $f\left(\dfrac{\pi}{3}\right)$ は $f(x)$ に極大値を与える．

$x = \dfrac{2\pi}{3}$ の場合は，h を前と同じく 0.1 にとると

$$f\left(\frac{2\pi}{3}\right) = \frac{2\pi}{3} + \sin\frac{4\pi}{3} = \frac{2\pi}{3} - \frac{\sqrt{3}}{2} = 1.228$$

$$f''\left(\frac{2\pi}{3}\right) = -4\sin\frac{4\pi}{3} = 2\sqrt{3}$$

$$f\left(\frac{2\pi}{3} \pm 0.1\right) = 1.228 + \frac{(\pm 0.1)^2}{2} \times 2\sqrt{3} = 1.235$$

$$\therefore \quad f\left(\frac{2\pi}{3} - 0.1\right) > f\left(\frac{2\pi}{3}\right) < f\left(\frac{2\pi}{3} + 0.1\right)$$

となるので $f\left(\dfrac{2\pi}{3}\right)$ は $f(x)$ に極小値を与える．

(2) **第1次導関数の符号の変化による判定法**

第1次導関数　図1·9は変数 x に関する原関数 $f(x)$ の変化の状態をあらわす第1次導関数 $f'(x)$ を示したもので，$f(x)$ が増加の過程では，第1次導関数 $f'(x)$ の値は正であってX軸の上方にあるが，原関数 $f(x)$ の変化のとまる極点 $x = a$ では $f'(a)$ は0になってX軸と交わり，原関数 $f(x)$ が減少の過程では第1次導関数 $f'(x)$ の値は負であってX軸の下方にくる．

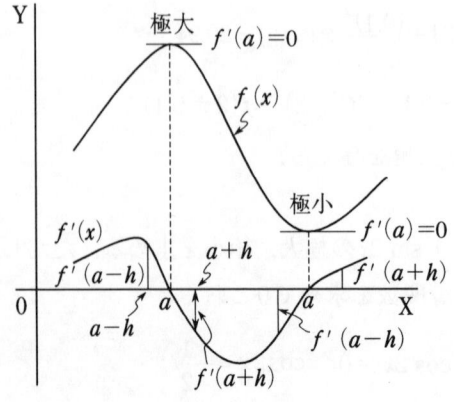

図1·9　第1次導関数の符号

1·4 極大と極小の判定法

したがって,
(1) 第1次導関数 $f'(x)$ の符号が正から負になるとき, $f(a)$ は極大である.
　　このとき, $f'(a-h)>0$, $f'(a+h)<0$
(2) 第1次導関数 $f'(x)$ の符号が負から正になるとき, $f(a)$ は極小である.
　　このとき, $f'(a-h)<0$, $f'(a+h)>0$
(3) 第1次導関数 $f'(x)$ の符号が極値 $f(a)$ の前後で同一なら変曲点である.

ということになる. この $f'(x)$ の符号の変化によって, 上記のように極大か極小が判定できる.

次に, この場合の $f'(a\pm h)$ の一般的な計算方法を示しておこう.
テイラーの定理によると

$$f(x+h)=f(x)+hf'(x)+\frac{h^2}{2!}f''(x)+\cdots\cdots$$

であるから, この両辺を x について微分すると

$$f'(x+h)=f'(x)+hf''(x)+\frac{h^2}{2}f'''(x)+\cdots\cdots$$

となる. この x に a を代入すると

$$f'(a+h)=f'(a)+hf''(a)+\frac{h^2}{2}f'''(a)+\cdots\cdots$$

となるが, 極値では $f'(a)=0$ であり, 単に $f'(a+h)$ の正負を判定するためなら, 近似的に第3項以下を無視して

$$f'(a+h)\fallingdotseq hf''(a),\quad f'(a-h)\fallingdotseq -hf''(a) \tag{1·4}$$

として十分であって, この式によって $f'(a+h)$ および $f'(a-h)$ を求めて, 極大, 極小を判定する.

[例題1] $f(x)=x^3-6x^2+9x$ の極大, 極小を求める.
$$f'(x)=3x^2-12x+9=3(x-1)(x-3)=0$$
$$f''(x)=6x-12=6(x-2)$$

となるので, (1·4) 式によると
$x=1$ の場合; $h=0.1$ にとると
$$f'(1+0.1)=0.1\times 6(1-2)=-0.6$$
$$f'(1-0.1)=-0.1\times 6(1-2)=+0.6$$

となるので, $x=1$ は $f(x)$ に極大値 $f(1)=4$ を与える.

$x=3$ の場合; 前と同様に $h=0.1$ にとると
$$f'(3+0.1)=0.1\times 6(3-2)=+0.6$$
$$f'(3-0.1)=-0.1\times 6(3-2)=-0.6$$

となるので, $x=3$ は $f(x)$ に極小値 $f(3)=0$ を与える.

[例題2] $f(\theta)=\sin\theta\sin\left(\theta+\frac{2\pi}{3}\right)$ の極大, 極小を求める.
ただし, $0<\theta<2\pi$ とする.

$$f'(\theta) = \cos\theta \sin\left(\theta + \frac{2\pi}{3}\right) + \sin\theta \cos\left(\theta + \frac{2\pi}{3}\right) = \sin\left(2\theta + \frac{2\pi}{3}\right) = 0$$

したがって，$2\theta + \dfrac{2\pi}{3} = 0$, $\theta = -\dfrac{\pi}{3}$

$$2\theta + \frac{2\pi}{3} = \pi, \quad \theta = \frac{\pi}{6}$$

この第2次導関数を求めると $f''(\theta) = 2\cos\left(2\theta + \dfrac{2\pi}{3}\right)$

$\theta = -\dfrac{\pi}{3}$ の場合；$h = 0.1$ とおく．

$$f''\left(-\frac{\pi}{3}\right) = 2\cos\left(-\frac{2\pi}{3} + \frac{2\pi}{3}\right) = 2$$

$$f'\left(-\frac{\pi}{3} + 0.1\right) \fallingdotseq 0.1 \times 2 = +0.2 > 0$$

$$f'\left(-\frac{\pi}{3} - 0.1\right) \fallingdotseq -0.1 \times 2 = -0.2 < 0$$

ゆえに，$\theta = -\dfrac{\pi}{3}$ は極小値 $f\left(-\dfrac{\pi}{3}\right) = -\dfrac{3}{4}$ を与える．

$\theta = \dfrac{\pi}{6}$ の場合；同じく $h = 0.1$ とおく．

$$f''\left(\frac{\pi}{6}\right) = 2\cos\left(\frac{\pi}{3} + \frac{2\pi}{3}\right) = -2$$

$$f'\left(\frac{\pi}{6} + 0.1\right) \fallingdotseq 0.1 \times (-2) = -0.2 < 0$$

$$f'\left(\frac{\pi}{6} - 0.1\right) \fallingdotseq -0.1 \times (-2) = +0.2 > 0$$

ゆえに，$\theta = \dfrac{\pi}{6}$ は極大値，$f\left(\dfrac{\pi}{6}\right) = \dfrac{1}{4}$ を与える．

極値　なお，既述したように，x の関数 $f(x)$ に極値が存在するために必要な条件は $f'(x) = 0$ となる x の値 a が存在すること，いいかえると，この変域内で $f(x)$ が有限確定した第1次導関数 $f'(x)$ を有することであるが，例外的には，そうでない場合もある．

例えば図1・10では $y = f(x) = (x-3)^{\frac{2}{3}} + 2$ を示したが，これは明らかに，$x = 3$ で図のように極小点 Q を有しているが，$f'(3)$ は 0 でなく

$$f'(x) = \frac{2}{3}(x-3)^{-\frac{1}{3}} = \frac{2}{3(x-3)^{\frac{1}{3}}}$$

となり，$f'(3) \to \infty$ になって，$x = 3$ では第1次導関数 $f'(3)$ が有限確定しない．このような場合にまで，関数の極大，極小を拡張して考えると

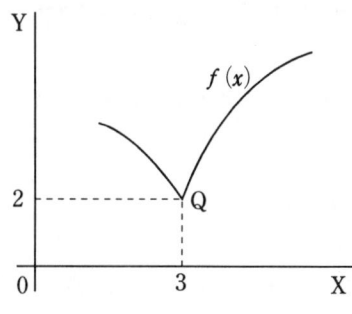

図1・10　$f'(x) \neq 0$ の極小点

「その関数の$x=a$点における第1次導関数$f'(a)$が有限確定でなくとも，a点の左右において，

　　　　　　　左側　　　　　　　　　　右側
　　　　　　$f'(x) \geq 0$　　　　　　　$f'(x) \leq 0$　のとき極大点
　　　　　　$f'(x) \leq 0$　　　　　　　$f'(x) \geq 0$　のとき極小点

と判定してよい」

ということになる．上記の場合は$x=3$の左側，すなわち，xが3より小さいと$f'(x)$は負となり$f'(x)<0$であり，$x=3$の右側，すなわち，xが3より大きいと$f'(x)$は正となり$f'(x)>0$であるからQ点は極小点と判定できる．

(3) 第2次導関数の符号による判定法

変数xに関する関数が図1・11の$f(x)$であらわされるとき，その第1次導関数$f'(x)$は前の説明によって図のようになる．さらに同一の要領で，この$f'(x)$を原関数と考え，その導関数，すなわち第2次導関数$f''(x)$を画くと図上に示したようになる．したがって$x=a$において，$f(x)$が極大になるP点左右での$f'(x)$の符号は正から0をへて負に変わる．すなわち，$f'(x)$は$x=a$の付近では減少の状態にあるから，$f'(x)$の導関数$f''(x)$は$x=a$において負であって，$f''(a)<0$になる．同様に考えると$f(x)$が$x=a$で極小となるQ点の左右では，$f'(x)$の符号は負から0をへて正に変わる．

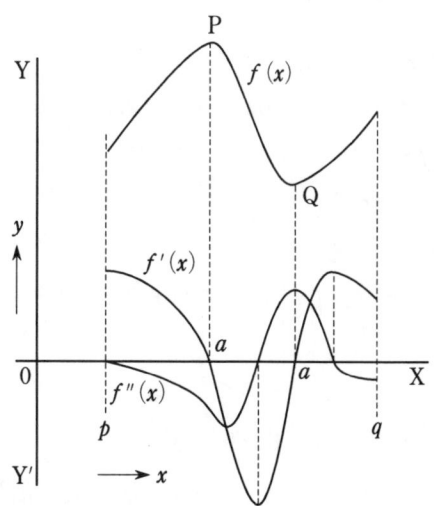

図1・11　第2次導関数$f''(x)$の符号

すなわち$f'(x)$はこの場合$x=a$の付近で増加の状態にあるから$f'(x)$の導関数$f''(x)$は$x=a$において正であって$f''(a)>0$になる．そこで，次のように判定できる．

極大点　　　　$f''(a)<0$であると極大点
極小点　　　　$f''(a)>0$であると極小点　　　　　　　　　　　　　(1・5)

変曲点

なお，変曲点では$f''(a)=0$になるが，$f''(a)=0$だからといって必ずしも変曲点とはかぎらない．

あるいは，図1・12に示すように，第1次導関数$f'(x)$において，$x=a+h$にとると，第2次導関数は

$$f''(a)=\lim_{x \to a}\frac{f'(x)-f'(a)}{x-a}$$

になるが，aは停留点であるから$f'(a)=0$になるので

$$f''(a)=\lim_{x \to a}\frac{f'(x)}{x-a}$$

になる．したがって$f''(a)$と$f'(x)$の符号の間には，次の関係が成立つ．

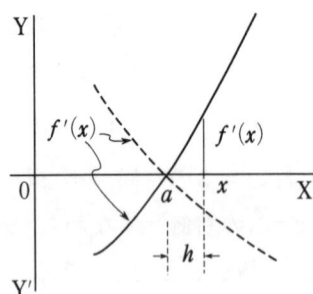

図1・12　$f''(a)$と$f'(a)$の符号

(1) $f''(a)>0$のとき；$f'(x)$と$(x-a)$は同じ符号をとることになり

$$x>aではf'(x)>0, x<aではf'(x)>0$$

極小点

になるので，これは明らかに極小点である．

(2) $f''(a)<0$のとき；$f'(x)$と$(x-a)$は異符号をとることになり

$$x>aではf'(x)<0, x<aではf'(x)>0.$$

極大点

となるので，これは明らかに極大点である．

（注）また，このことは第n次平均値定理（テイラーの定理）を用いて証明することもできる（次章参照）．

例えば，前例の$f(x)=3x^2-x^3$では

$$f'(x)=6x-3x^2, f''(x)=6-6x=6(1-x)$$

であって，$x=2$のときの$f''(2)$は

$$f''(2)=6(1-2)=-6<0$$

となるので$x=2$は極大点を与える．

また，同じく前例の$f(x)=x^3-6x^2+9x$では$f'(x)=3x^2-12x+9$, $f''(x)=6x-12=6(x-2)$となり

$$x=1ではf''(1)=6(1-2)=-6<0 \quad 極大点$$
$$x=3ではf''(3)=6(3-2)=6>0 \quad 極小点$$

というように判定できる．このように，この判定法が最も簡単であるから一般に広く用いられている．

さて，ここでxの関数$f(x)$の極大，極小を求める方法をまとめてみよう．

まず，$f(x)$をxについて微分して第1次導関数$f'(x)$を計算し，$f'(x)=0$とする方程式の根，$a_1, a_2, \cdots$を求める．さらに$f''(x)$の式を計算して任意の根aをこれに代入して，

1·4 極大と極小の判定法

(1) $f''(a)<0$ なら，$x=a$ で $f(x)$ は極大で，その極大値は $f(a)$ になる．
(2) $f''(a)>0$ なら，$x=a$ で $f(x)$ は極小で，その極小値は $f(a)$ になる．

なお，上記した各種の判定法を表示すると次のようになる．

極 大 点

x	$a-h$	a	$a+h$
$f(x)$	増加	極大	減少
$f'(x)$	正	0	負
	減	少	
$f''(x)$	負		

極 小 点

x	$a-h$	a	$a+h$
$f(x)$	減少	極小	増加
$f'(x)$	負	0	正
	増	加	
$f''(x)$	正		

陰関数

[例題 1] $x^3+y^3=3axy$ ただし，$a>0$ において y の極大，極小を求める．

これは陰関数の極値を求めることになり，原式の形のままで両辺を x について微分すると，

$$3x^2+\frac{dy^3}{dy}\cdot\frac{dy}{dx}=3a\left(y\frac{dx}{dx}+x\frac{dy}{dx}\right)$$

となり $dy/dx=y'$ とおくと

$$\left.\begin{array}{l} 3x^2+3y^2y'=3a(y+xy') \\ x^2+y^2y'=a(y+xy') \end{array}\right\} \qquad (1)$$

この式で $y'=0$ とおいて極値を求めると $x^2=ay$ になる．

次に原式の両辺に a^3 をかけて，上記の $x^2=ay$ の関係を入れると，
$a^3x^3+(ay)^3=3a^3x(ay)$，$a^3x^3+x^6=3a^3x^3$ となり，$x^6=2a^3x^3$，$x^3=2a^3$ になるので

$$x=\sqrt[3]{2}\,a,\qquad y=\frac{x^2}{a}=\sqrt[3]{4}\,a \qquad (2)$$

これが極大であるか，極小であるかを吟味するために $y''=d^2y/dx^2$ を求める．
(1)式をさらに x について微分すると

$$2x+2yy'+y^2y''=a(y'+y'+xy'')$$

この式に $y'=0$ を用いると

$$2x+y^2y''=axy'',\qquad y''=\frac{2x}{ax-y^2}$$

これに (2) 式の x および y の値を代入すると，$a>0$ であるから，

$$y''=\frac{2\sqrt[3]{2}\,a}{\sqrt[3]{2}\,a^2-2\sqrt[3]{2}\,a^2}=-\frac{2}{a}<0$$

ゆえに，$x=\sqrt[3]{2}\,a$ は y に極大値を与え，その値は $y=\sqrt[3]{4}\,a$ になる．

[例題 2] $f(x)=a\cos^2 x+b\sin^2 x$ ただし，$a>0,\ b>0,\ b>a$ の極大，極小を求める．

まず，原関数の第1次導関数を求めて 0 とおくと

$$f'(x)=-2a\cos x\sin x+2b\sin x\cos x$$
$$=2(b-a)\sin x\cos x=(b-a)\sin 2x=0$$

ただし, $\sin 2x = \sin(x+x) = 2\sin x \cos x$

nを整数とすると $2x = n\pi$, $x = \dfrac{n\pi}{2}$ において$f'(x)=0$になる. なお,
$$f''(x) = 2(b-a)\cos 2x$$
$$f''\left(\dfrac{n\pi}{2}\right) = 2(b-a)\cos 2\dfrac{n\pi}{2} = 2(b-a)(-1)^n$$

となる. 題意によって$b>a$であるから

(1) nが偶数のとき $f''\left(\dfrac{n\pi}{2}\right) = 2(b-a) > 0$ で, $x = \dfrac{n\pi}{2}$ は極小値を与え, その値は $\left(\dfrac{n\pi}{2}\right) = a$ になる.

(2) nが奇数のとき $f''\left(\dfrac{n\pi}{2}\right) = -2(b-a) < 0$ で, $x = \dfrac{n\pi}{2}$ は極大値を与え, その値は $f\left(\dfrac{n\pi}{2}\right) = b$ になる.

高次導関数

(4) 高次導関数の符号による一般的な判定

(3)において, 第2次導関数の値が$f''(a)=0$となった場合には, 極大とも極小とも変曲点とも判定することができない —— そのいずれもふくむ ——. この場合は$f(a+h)$の展開式で, 第4項までとり

$$f(a+h) = f(a) + hf'(a) + \dfrac{h^2}{2!}f''(a) + \dfrac{h^3}{3!}f'''(a+\theta_3 h)$$

ただし, $0 < \theta_3 < 1$

とおくと, $f'(a)=0$ であり, $f''(a)=0$ であるから

$$f(a+h) - f(a) = \dfrac{h^3}{3!}f'''(a+\theta_3 h)$$

ここで$f'''(a)$が0でないとすると, $f'''(a+\theta_3 h)$はhの絶対値が十分に小さいと, hの正負にかかわらず$f'''(a)$と同符号になる. また, h^3はhの奇数べきだから, hの正負によって符号を異にし, hが正のとき正で, 負のときは負になる.

(1) $f'''(a) > 0$ とすると,
  hが正のとき$f(a+h) - f(a) > 0$, hが負のとき$f(a-h) - f(a) < 0$

(2) $f'''(a) < 0$ とすると
  hが正のとき$f(a+h) - f(a) < 0$, hが負のとき$f(a-h) - f(a) > 0$

となり, いずれにしても$f(a+h) - f(a)$と$f(a-h) - f(a)$は異符号を有する. これは図1・13のように(イ)の上り坂上の1点か(ロ)の下り坂上の1点を示し, $f(a)$は極値でなく変曲点である. なお, この$f'''(a)=0$の場合には, 前記の展開を第5項までとり, $f'(a)=0$, $f''(a)=0$, $f'''(a)=0$とおくと

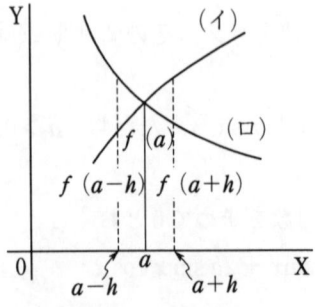

図1・13 $f'''(a)=0$の場合

$$f(a+h)-f(a)=\frac{h^4}{4!}f^{(4)}(a+\theta_4 h)$$

ただし，$0<\theta^4<1$

となり，この場合は，h^4 は偶数べきであって，h の正負にかかわらず正であり，h を十分に小さくとると，$f^{(4)}(a+\theta_4 h)$ は h の正負にかかわらず $f^{(4)}(a)$ と同符号を有するので

（イ）$f^{(4)}(a)>0$ とすると，

h が正のとき $f(a+h)-f(a)>0$，h が負のとき $f(a-h)-f(a)>0$

（ロ）$f^{(4)}(a)<0$ とすると

h が正のとき $f(a+h)-f(a)<0$，h が負のとき $f(a-h)-f(a)<0$ となって，図1・14に示すように，（イ）の場合，$f(x)$ は $x=a$ で極小になり，（ロ）の場合，$f(x)$ は $x=a$ で極大になる．さらに，$f^{(4)}(a)=0$ では，上記の展開を第6項までとって同様に考えると極値を与えないことがわかる．これを一般的にいうと次のようになる．

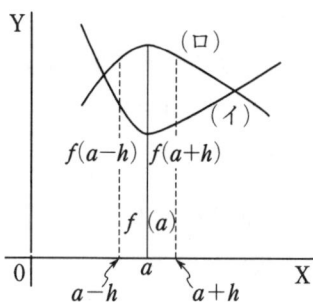

図1・14　$f''(a)=0$ の場合

極小
極大
変曲点

「変数 x に関する関数 $f(x)$ において，$x=a$ で0にならない最初の導関数を $f^{(p)}(a)$ とすると，p が偶数であると $f(x)$ は $x=a$ で極値をとり $f^{(p)}(a)>0$ のときに極小，$f^{(p)}(a)<0$ のときに極大となり，p が奇数だと $f(x)$ は極値でなく変曲点になる」

[例題1]　$f(x)=12x^5+15x^4-40x^3+24$　の極大，極小を求める．

原関数の第1次導関数を求めて0とおくと

$$f'(x)=60x^4+60x^3-120x^2=60x^2(x^2+x-2)$$
$$=60x^2(x+2)(x-1)=0$$

となり，原関数に極値を与える x の値は，$x=0$，$x=-2$，$x=1$ となり，$f'(0)=0$，$f'(-2)=0$，$f'(1)=0$ である．

次に第2次導関数を求めると

$$f''(x)=60(4x^3+3x^2-4x)$$

となり，これに前に求めた x の値を代入すると

$$f''(0)=0,\ f''(-2)=-720,\ f''(1)=180$$

になり，したがって

（1）$f''(-2)<0$ で，$x=-2$ は $f(x)$ に極大値を与え，極大値は $f(-2)=200$ になり，

（2）$f''(1)>0$ で，$x=1$ は $f(x)$ に極小値を与え，極小値は $f(1)=11$ になる．さらに第3次導関数を求めると

1 関数の極値

$$f'''(x) = 120(6x^2 + 3x - 2)$$

となり，$f'''(0) = -240$，すなわち $f'''(0) \neq 0$ となるので，$x = 0$ は極値を与えない．

[例題2]　$f(x) = 4\cos x + \cos 2x$ の極大，極小を求める．

前例と同様に，原関数の第1次導関数を求めて0とおくと

$$f'(x) = -4\sin x - 2\sin 2x = -4\sin x - 2 \times 2\sin x \cos x$$
$$= -4\sin x(1 + \cos x) = 0$$

ここで，n を整数として $x = n\pi$ とすると，$f'(x)$ は0になる．次に第2次導関数を求めると

$$f''(x) = -4\cos x - 4\cos 2x$$

になり，これに $x = n\pi$ を代入すると

$$f''(n\pi) = -4\cos n\pi - 4\cos 2n\pi = -4(-1)^n - 4$$

になる．そこで

(1)　n が偶数のとき，$f''(n\pi) = -4 - 4 = -8 < 0$

になるので，$x = n\pi$ は極大値を与える．その値は $f(n\pi) = 4 \times 1 + 1 = 5$ になり，

(2)　n が奇数のとき，$f''(n\pi) = 4 - 4 = 0$ になるので，$f'''(x)$ を求めると

$$f'''(x) = 4\sin x + 8\sin 2x$$

$$f'''(n\pi) = 4\sin n\pi + 8\sin 2n\pi = 0$$

となるので，さらに $f^{(4)}(x)$ を求めると

$$f^{(4)}(x) = 4\cos x + 16\cos 2x$$

$$f^{(4)}(n\pi) = 4\cos n\pi + 16\cos 2n\pi = -4 + 16 = 12 > 0$$

したがって，n が奇数のときは $x = n\pi$ で $f(x)$ を極小にし，その値は $f(n\pi) = -4 + 1 = -3$ である．

2 多変数関数の微分法

2·1 2変数関数と偏微分係数

今までに述べてきた関数は変数が一つであったが,実際問題としては,いくつかの変数から構成される場合が多い.例えば,半径r〔m〕,長さl〔m〕の細長い円筒状ソレノイドの巻数をN_1とすると

$$\text{自己インダクタンス}\quad L=\frac{\mu\mu_0\pi r^2 N_1}{l}\ \text{〔H/m〕}$$

ただし,μ;比透磁率 μ_0;真空中の透磁率$4\pi\times 10^{-7}$〔H/m〕

となり,Lは四つの変数μ, r, N_1, lからなる関数となる.このソレノイドの上に巻数N_2のコイルを同様に巻くと両者間の

$$\text{相互インダクタンス}\quad M=\frac{\mu\mu_0\pi r^2 N_1 N_2}{l}\ \text{〔H〕}$$

多変数関数 となって,Mは五つの変数からなる関数になる.このような**多変数関数**(Many element function or Functions of several variables)の場合も,結局は1変数の今までの関数に帰納して考察することができる.まず最初に2変数の場合をとりあげて考えてみよう.

いま,二つの変数xとyがあってxのとる値とyのとる値の間には全く関係がない —— 関係があると$y=\varphi(x)$であらわされ1変数の場合になる —— ものとすると,xと
独立変数 yは互いに**独立変数**であるという.この二つの独立変数の値が定まると,それに応じてzの値が定まるとき,zはxおよびyの関数であるといい,これを下記のようにあらわす.

$$z=f(x,\ y)\quad \text{または}\quad f(x,\ y,\ z)=0$$

また,$z=f(x,y)$の値が $a\leq x\leq b$, $c\leq y\leq d$ の変域でx, yの各1組の値に対し
1価関数 てzの値が一つであるとき,上記の変域においてzはx, yの**1価関数**であるという.
多価関数 zの値が二つ以上になるとき,これを**多価関数**といい,1変数の場合と同様に,1価関数の集合として,これを分解して考えることができる.

さて,この$z=f(x,y)$でx, yがそれぞれ一定の値a, bに近づくとzの値も一定の値cに近づくとき,$x\to a$, $y\to b$でのzの極限値はcであるといい,これを

$$\lim_{\substack{x\to a\\y\to b}}f(x,\ y)=c\quad \text{または}\quad \lim_{x\to a}\left\{\lim_{y\to b}f(x,\ y)\right\}=c$$

と記す.このように記されたときは,x, yをどのようにa, bに近づけてもzの極

限値はcになることを意味している．

　　（注）上記を厳密にいうと，任意に選ばれた正数εに対して正数δを適当にとると
$$0<|x-a|<\delta, \qquad 0<|y-b|<\delta$$
となるような全てのx, yに対して$|f(x, y)-c|<\varepsilon$が成立すると，$x\to a, y\to b$のときzの極限値はcであるという．

次に，与えられた変域内で$x\to a, y\to b$に対する$f(x, y)$の極限値が$f(a, b)$に等しい場合，すなわち
$$\lim_{\substack{x\to a\\y\to b}} f(x, y) = f(a, b)$$

連続　であるとき，$f(x, y)$は$x=a, y=b$において**連続**であるといい，x, yのある変域内のすべての値に対して連続であるとき，$f(x, y)$はこの変域内で連続であるという．この関係をグラフに画くには，図2・1に示したように，空間内の1点Oをとり，Oを通って互いに垂直な直線XX′, YY′, ZZ′を引いて，これらの直交3軸を座標軸として，xの値をX軸上に，yの値をY軸上に，これらに対応するzの値をZ軸上にとる．さて，連続関数$z=f(x, y)$において，x, yを変数として，その値をx_1, y_1としたとき，——xy面でのQ点は(x_1, y_1)——これに対応するzの値をz_1（曲面上のP点）とする．

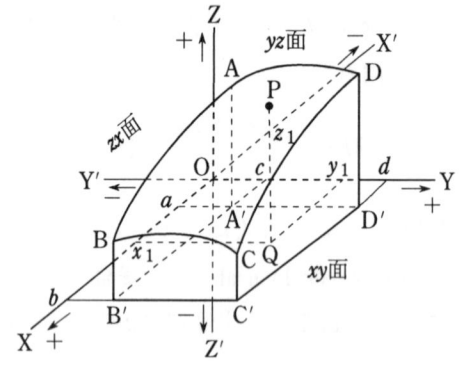

図2・1　空間直交座標と連続曲面

このようにして，与えられた変域内でx, yに各種の値を与えて，それに対応するP点を画くと一つの連続曲面ABCDになる．これがこの関数のグラフであって，図ではx, yの変域を$a\leqq x\leqq b$および$c\leqq y\leqq d$としたが，これはxy面上の点が矩形A′B′C′D′内にあることを意味し，A′(a, c), B′(b, c), C′(b, d), D′(a, d)であって，AA′$=f(a, c)$, BB′$=f(b, c)$, CC′$=f(b, d)$, DD′$=f(a, d)$である．

　　（注）以上のことは二つ以上の独立変数を有する場合についても同様に考えられるが，3次元の空間での幾何学的な表示はできない．

2元連続関数　ところで，このような2元連続関数が与えられたとき，xとyとは互いに独立変数だから，xのみを変化させてyは一定不変とすることもできる．そこでいま$y=y_0$とおいてyを不変としxを$x=x_0$の近くで変化させたとき，zのxに関する微分係数は
$$\lim_{\Delta x\to 0}\frac{f(x_0+\Delta x, y_0)-f(x_0, y_0)}{\Delta x}=f_x(x_0, y_0)$$

偏微分係数　となり，これを$x=x_0, y=y_0$における$z=f(x, y)$のxに関する**偏微分係数**（Partial
偏微分　　　derivatives or Partial differential coefficient）と称し，偏微分係数を求めることを**偏微分**（Partial differentiation）するという．同様にxを一定値$x=x_0$とし，yを$y=y_0$の近

—22—

2・1 2変数関数と偏微分係数

くで変化させたとき，z の y に関する微分係数は

$$\lim_{\Delta y \to 0} \frac{f(x_0, y_0+\Delta y)-f(x_0, y_0)}{\Delta y} = f_y(x_0, y_0)$$

となり，これを $z=f(x, y)$ の (x_0, y_0) における y に関する偏微分係数という．さらに，任意の点 (x, y) において z の偏微分係数 $f_x(x, y)$ および $f_y(x, y)$ が存在するなら，これらはまた，x, y の関数であるから，これらを**偏導関数**(Partial derived function)といい，今までの微分と区別して次のような記号であらわす．

偏導関数

$$f_x(x, y),\ f'_x(x, y),\ f_x,\ f_{(x)},\ f'_{(x)},\ D_x z,\ z_x,\ \frac{\partial z}{\partial x},\ \frac{\partial f}{\partial x}$$

$$f_y(x, y),\ f'_y(x, y),\ f_y,\ f_{(y)},\ f'_{(y)},\ D_y z,\ z_y,\ \frac{\partial z}{\partial y},\ \frac{\partial f}{\partial y}$$

(注) (1) 以下では偏微分の記号として主に $f_x(x, y)$，$f_y(x, y)$，または略して単に f_x，f_y および $z=f(x, y)$ として $\frac{\partial z}{\partial x}$，$\frac{\partial z}{\partial y}$ を用いる．この読み方は例えば $\frac{\partial z}{\partial x}$ は，ルンドゼット・バイ・ルンドエックスまたは丸い（まるい）ディゼット・バイ・ディエックスとか偏微分 dz バイ dx という．（ルンドをラウンドというときもある）

(2) 偏はかたよることを意味し，y または x を一定として，x または y 一方にかたよって微分することから偏微分といわれている．英語の Partial にもかたよるという意味と一部分のという意味もあって，偏微分係数のことを部分微分係数，偏導関数のことを部分導関数という人もある．また，これらを略して偏微係数または部分微係数と称することもある．なお，偏微分に対して今までの微分を常微分ともいう．

(3) $f(xy)$ は1変数のとき，例えば $f(xy)=0$ のような場合に用い，2変数のときは x と y の間に「，」を入れて $f(x, y)$ と書いて区別することもある．

(4) 図 2・1 では x および y の変域が矩形となる場合を示したが，一つの閉曲線にかこまれた平面の一部となることもある．例えば $z=\sqrt{r^2-x^2-y^2}$ では $r^2 \geq x^2 + y^2$ とならねばならないので，x, y の変域は原点を中心とした xy 面上で半径が r の円の周および内部になる．

このように，偏導関数とは，$f(x, y)$ において，x, y のいずれか一方を定数とみなして，他のものについて $z=f(x, y)$ を微分したものをいうのであって，例えば

$z=f(x, y)=2x^3 y^3 -3x^2 y^2 -4x+5y+8$ において

$$\frac{\partial z}{\partial x}=f_x(x, y)=6x^2 y^3 -6xy^2 -4$$

$$\frac{\partial z}{\partial y}=f_y(x, y)=6x^3 y^2 -6x^2 y+5$$

というようになる．重ねて偏導関数の一般的な定義をかかげると，

$$\frac{\partial z}{\partial x}=\lim_{\Delta x \to 0}\frac{f(x+\Delta x, y)-f(x, y)}{\Delta x}=f_x(x, y)$$

$$\frac{\partial z}{\partial y}=\lim_{\Delta y \to 0}\frac{f(x, y+\Delta y)-f(x, y)}{\Delta y}=f_y(x, y) \tag{2・1}$$

となり，この幾何学的な意義を考えると図 2・2 に示すように，$z=f(x, y)$ をあらわす連続曲面 ― 変域を $a \leq x \leq b$，$c \leq y \leq d$ とした ― ABCD 上において $z_0=f(x_0, y_0)$

に対応する点をPとし，―― xy面でのQ点は(x_0, y_0) ―― P点を通ってzx平面に平行な平面M（点線）と曲面ABCDとの交わりの曲線をEPFとすると，この曲線は明らかに$z=f(x, y)$において，yを定数y_0とした$z=f(x, y_0)$をあらわすことになり，この

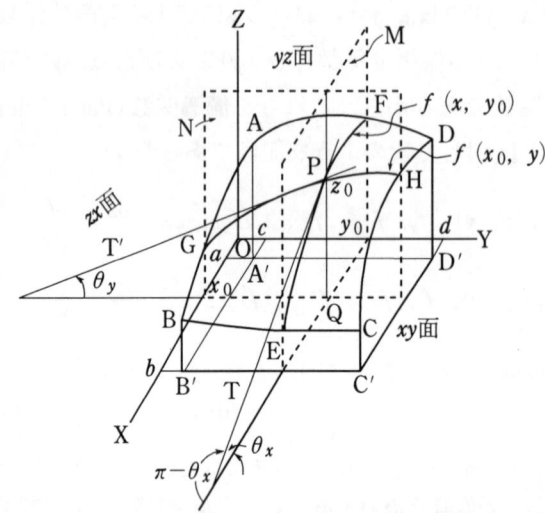

図2・2　偏導関数の幾何学的意義

曲線EPF上のP点$z_0=f(x_0, y_0)$に引いた曲線への接線Tの方向係数を$\tan(\pi-\theta_x)$とすると，これは$z=f(x, y_0)$をxについて微分した結果に$x=x_0$とおいたものと一致し

$$\left\{\frac{df(x, y_0)}{dx}\right\}_{x_0} = \tan(\pi-\theta_x) = -\tan\theta_x$$

になるが，これは$z=f(x, y)$をxについて偏微分した$\partial f(x, y)/\partial x$の$x$を$x_0$，$y$を$y_0$とおいたものとも明らかに一致するので

$$\left\{\frac{\partial f(x, y)}{\partial x}\right\}_{x_0, y_0} = f_x(x_0, y_0) = -\tan\theta_x$$

に相当する．なお，$f_x(x, y) = \partial f(x, y)/\partial x$において$y$を$y_0$とおいた$\{\partial f(x, y)/\partial x\}_{y_0}$はこの曲線EPFの導関数に相当する．

さらに一般的なxの偏導関数$f_x(x, y) = \partial f(x, y)/\partial x$は，$y_0$の値の異なった無数の平面群Mが曲面ABCDと交わって生ずる曲線群の導関数のすべてをあらわしている．同様にP点を通ってyz面と平行な平面N（点線）と連続曲面との交わりの曲線をGPHとすると，この曲線は明らかに，$z=f(x, y)$において，xを定数x_0とした$z=f(x_0, y)$をあらわすことになり，この曲線GPH上のP点に引いた曲線への接線T'の方向係数を$\tan\theta_y$とすると上述より明らかに

$$\left\{\frac{\partial f(x_0, y)}{dy}\right\}_{y_0} = \tan\theta_y, \quad z=f(x_0, y)\text{を}y\text{で微分して}y=y_0\text{とおく．}$$

となるが，これは$z=f(x, y)$をyについて偏微分した$\partial f(x, y)/\partial y$の$x$を$x_0$，$y$を$y_0$とおいたものに等しくなるので

$$\left\{\frac{\partial f(x, y)}{\partial y}\right\}_{y_0, x_0} = f_y(x_0, y_0) = \tan\theta_y$$

に相当する．

2・1 2変数関数と偏微分係数

また，$f_y(x, y) = \partial f(x, y)/\partial y$ において，x を x_0 とおいた $|\partial f(x, y)/\partial y|_{x_0}$ は，この曲線 GPH の導関数に相当する．なお，一般的な y の偏導関数 $\partial z/\partial y = f_y(x, y)$ は，x_0 の値のちがった無数の平面群 N が曲面 ABCD と交わって生ずる曲線群の導関数のすべてをあらわしている．以上をまとめていうと

「独立した2変数 x, y からなる連続関数 $z = f(x, y)$ において，これを x について偏微分した $\partial z/\partial x = f_x(x, y)$ は zx 面と平行な平面群が $z = f(x, y)$ をあらわす曲面と交わって生ずる曲線群の導関数をあらわし，これを x について積分すると元の曲線群になる．これは $z = f(x, y)$ の y に変域内の一定な値を与えた場合に相当する．同様に $\partial z/\partial y = f_y(x, y)$ は yz 面と平行な平面群が曲面と交わって生ずる曲線群の導関数をあらわし，これを y について積分すると元の曲線群になる．これは $z = f(x, y)$ の x に変域内の一定な値を与えた場合に相当する」

以上は偏微分係数および偏導関数の幾何学的な意義であったが，次に例を3極真空管にとって，その物理的な意義の一端を示すことにしよう．

3極真空管　3極真空管では陽極電流 I_p は陽極電圧 V_p および格子電圧 V_g の関数となり，$I_p = f(V_p, V_g)$ であらわされるが，この場合 V_g を一定としたときの陽極電圧と陽極電流の変化の割合は3極真空管の**内部抵抗** r_p となるので

内部抵抗

$$r_p = \left(\frac{dV_p}{dI_p}\right)_{V_g=\text{const.}} = \frac{\partial V_p}{\partial I_p}$$

となり，また V_p を一定として格子電圧の微小な変化による陽極電流の変化の割合は**相互コンダクタンス** g_m となるので

相互コンダクタンス

$$g_m = \left(\frac{dI_p}{dV_g}\right)_{V_p=\text{const.}} = \frac{\partial I_p}{\partial V_g}$$

増幅率　となり，さらに I_p を一定として格子電圧の変化に対する陽極電圧の変化の割合は**増幅率** μ をあらわし

$$\mu = -\left(\frac{dV_p}{dV_g}\right)_{I_p=\text{const.}} = -\frac{\partial V_p}{\partial V_g}$$

となる．ここに負符号をつけたのは V_g の増減と V_p の増減が相反するからである．以上の三つを**3極真空管の3定数**といい，いずれも偏微分係数としてあらわされ，上の三つの式から明らかなように，3者の間には　$\mu = g_m r_p$　の関係がある．

3極真空管の 3定数

（注）例えば $\partial z/\partial x = 0$ ということは z は x に関し k を定数とすると，$z = k$ となること，すなわち x に無関係なことをあらわしている．一般にある変数についての偏導数が恒等的に 0 であると，その関数はその変数に無関係である．

以上が偏微分係数および偏導関数のもつ真義であるが，時としてその真の姿を見失って誤用をすることがあるので，上述したことを十分に理解しておかれたい．この偏導関数は1750年頃，オイラーやダランベールなどが弦や棒の振動の一般方程式を探究していたとき，二つの自変数について方程式を立てる必要上，初めて導入されたもので，これにまつわる興味ある物語もあるが，ここでは割愛して次に進むことにしよう．

2・2 2変数関数の全微分と応用

前節では $z=f(x, y)$ の一方の変数を定数とした場合の微分について述べたが，この節では，その両者が変化した場合について考えてみよう．もちろん $z=f(x, y)$ は連続であって偏導関数を有するものとし，x は Δx，y は Δy だけ増加したときの z の増分を Δz とすると

$$z+\Delta z=f(x+\Delta x, y+\Delta y)$$
$$\Delta z=f(x+\Delta x, y+\Delta y)-f(x, y) \tag{1}$$

この(1)の右辺に $f(x, y+\Delta y)$ を加減すると

$$\Delta z=\{f(x+\Delta x, y+\Delta y)-f(x, y+\Delta y)\}+\{f(x, y+\Delta y)-f(x, y)\}$$

平均値の定理｜となるが，右辺の前の { } 内では $y+\Delta y$ は定数と見なされるので，x について平均値の定理を用いると

$$f(x+\Delta x, y+\Delta y)-f(x, y+\Delta y)=\Delta x f_x(x+\theta_1 \Delta x, y+\Delta y) \tag{2}$$

となり，同様に後の { } 内では x は定数と見なされるので，y について平均値の定理を用いると，

$$f(x, y+\Delta y)-f(x, y)=\Delta y f_y(x, y+\theta_2 \Delta y) \tag{3}$$

ただし，$0<\theta_1<1$ および $0<\theta_2<1$

となるが，この Δx と Δy を無限に小さくして行き，その極限での値を $\Delta x \to dx$，$\Delta y \to dy$ とすると，これに対応する Δz も $\Delta z \to dz$ となり，かつ，dx や $\theta_1 dx$ は x に比し，また，dy や $\theta_2 dy$ は y に比して，それぞれ無視できるので，$x+dx=x$，$x+\theta_1 dx=x$，および $y+dy=y$，$y+\theta_2 dy=y$ となり，(2)式は $dx f_x(x, y)$ に，(3)式は $dy f_y(x, y)$ になるので，これらを(1)式に入れると

$$dz=dx f_x(x, y)+dy f_y(x, y)=f_x(x, y)dx+f_y(x, y)dy$$
$$=\frac{\partial z}{\partial x}dx+\frac{\partial z}{\partial y}dy \tag{2・2}$$

全微分｜となる．この dz を $z=f(x, y)$ の**全微分**(Total differential)という．

したがって，全微分 dz は y を一定と見なしたときの z の増分 $f_x(x, y)dx$ と x を一定と見なしたときの z の増分 $f_y(x, y)dy$ の和になる．これを幾何学的に示すと図2・3の

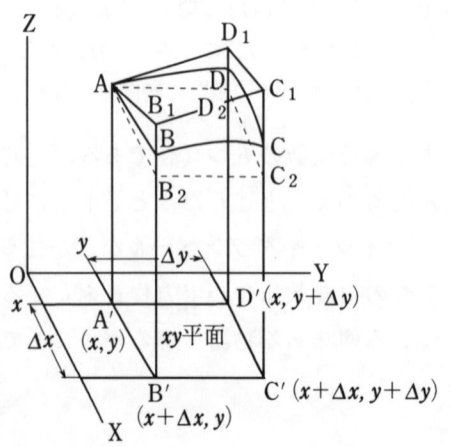

図2・3 全微分の幾何学的意義

ようになる．すなわち，xy平面上に$A'(x, y)$，$B'(x+\Delta x, y)$，$C'(x+\Delta x, y+\Delta y)$，$D'(x, y+\Delta y)$をとり，$xy$平面に垂線を立て，曲面$z=f(x, y)$との交点をA，B，C，Dとする．またA点を通って$xy$平面に平行な平面と，これらの垂線の交点をA，$B_2$，$C_2$，$D_2$とし，曲線ABへの接線を$AB_1$，曲線ADへの接線を$AD_1$とし，この2直線をふくむ平面が$CC'$と交わる点を$C_1$とすると，既述したところから明らかなように$\Delta x \to dx$で，$\Delta y \to dy$，$\Delta z \to dz$となり，

$$f_x(x, y) = \frac{\partial z}{\partial x} = \tan \angle B_1AB_2$$

$$B_1B_2 = \partial_x z = \Delta x f_x(x, y) = dx f_x(x, y)$$

$$f_y(x, y) = \frac{\partial z}{\partial y} = \tan \angle D_1AD_2$$

$$D_1D_2 = \partial_y z = \Delta y f_y(x, y) = dy f_y(x, y)$$

となって，この$dx f_y(x, y)$，$dy f_y(x, y)$はそれぞれzのxおよびyに関する偏微分であって，全微分$dz = C_1C_2$は，これらの和で，

$$dz = C_1C_2 = B_1B_2 + D_1D_2 = \frac{\partial z}{\partial x} dx + \frac{\partial z}{\partial y} dy = dx f_x(x, y) + dy f_y(x, y)$$

になり，前の(2)，(3)式より2変数の関数に対する平均値の定理は

$$f(x+\Delta x, y+\Delta y) = f(x, y) + \Delta x f_x(x+\theta_1 \Delta x, y+\Delta y)$$
$$+ \Delta y f_y(x, y+\theta_2 \Delta y) \qquad (2\cdot 3)$$

となって，$|\Delta x|$，$|\Delta y|$が十分に小さいときは

$$f(x+\Delta x, y+\Delta y) \fallingdotseq f(x, y) + \Delta x f_x(x, y) + \Delta y f_y(x, y) \qquad (2\cdot 4)$$

となる．

例えば，いま電動機の速度Nが界磁束ϕに反比例し，供給電圧Eに正比例するものとしたとき，kを定数として，$N = E/k\phi$と書ける．このϕが$\pm \Delta \phi$だけ変化し，Eが$\pm \Delta E$だけ変化したときのNの変化をΔNとすると，上記の全微分の式で

$$\frac{\partial N}{\partial \phi} = -\frac{E}{k\phi^2}, \qquad \frac{\partial N}{\partial E} = -\frac{1}{k\phi}$$

となるので，Nの変化ΔNは

$$\Delta N = \mp \frac{E}{k\phi^2} \Delta \phi \pm \frac{1}{k\phi} \Delta E$$

として求められる．

また，この全微分を応用した陰関数の微分の方法について，その根本から説明しよう．

$y = f(x)$が陰関数表示$f(xy) = 0$で示されたとき，xにΔx，yにΔyの変化を与えたときのzの変化Δzは上述の全微分の式より

$$\Delta z = \frac{\partial z}{\partial x} \Delta x + \frac{\partial z}{\partial y} \Delta y$$

となるが，$z = f(xy) = 0$ではxにΔx，yにΔyの変化を与えても，やはり$f(x+\Delta x y+\Delta y) = 0$であって，当然，$\Delta z = 0$になるので上式は

2 多変数関数の微分法

$$0 = \frac{\partial z}{\partial x}\Delta x + \frac{\partial z}{\partial y}\Delta y, \quad \therefore \frac{dy}{dx} = \lim_{\substack{\Delta x \to 0 \\ \Delta y \to 0}} \frac{\Delta y}{\Delta x} = -\frac{\dfrac{\partial z}{\partial x}}{\dfrac{\partial z}{\partial y}} = -\frac{f_x(x,\ y)}{f_y(x,\ y)}$$

陰関数を微分 というようにして**陰関数を微分**することができる.

　例えば　　$z = f(xy) = 3x^3 y^2 + 2x^2 y^3 - 5x + 2y = 0$ の微係数を求めるには

$$f'_{(x)} = \frac{\partial z}{\partial x} = 9x^2 y^2 + 4xy^3 - 5$$

$$f'_{(y)} = \frac{\partial z}{\partial y} = 6x^3 y + 6x^2 y^2 + 2$$

$$\therefore \frac{dy}{dx} = -\frac{f'_{(x)}}{f'_{(y)}} = -\frac{9x^2 y^2 + 4xy^3 - 5}{6x^3 y + 6x^2 y^2 + 2}$$

試みに上記の関数を関数の関数という考え方で微分すると

$$9x^2 y^2 + 3x^3 \times 2y\frac{dy}{dx} + 4xy^3 + 2x^2 \times 3y^2 \frac{dy}{dx} - 5 + 2\frac{dy}{dx} = 0$$

$$\therefore \frac{dy}{dx} = -\frac{9x^2 y^2 + 4xy^3 - 5}{6x^3 y + 6x^2 y^2 + 2}$$

となって前の結果と一致する.

　また, $z = f(x,\ y)$ であって y が x の関数であるとき, 全微分の式
$$dz = f_x(x,\ y)dx + f_y(x,\ y)dy$$
の両辺を dx で除すると

$$\frac{dz}{dx} = f_x(x,\ y) + f_y(x,\ y)\frac{dy}{dx} = f_x(x,\ y) + f_y(x,\ y)y'$$

　　ただし,　　$y' = \dfrac{dy}{dx}$ \hfill (2・5)

となる.

　例えば　 $z = 2xy^2 + 3x^2 y + 5xy$ (ただし y は x の関数) の dz/dx を求めるには

$$f_x(x,\ y) = \frac{\partial z}{\partial x} = 2y^2 + 6xy + 5y$$

$$f_y(x,\ y) = \frac{\partial z}{\partial y} = 4xy + 3x^2 + 5x$$

$$\therefore \frac{dz}{dx} = 2y^2 + 6xy + 5y + (4xy + 3x^2 + 5x)y'$$

なお, 関数の関数の偏微分法として, $z = f(x,\ y)$ において $x = P(t)$, $y = Q(t)$ なる場合について考えてみよう. 全微分の式
$$dz = f_x(x,\ y)dx + f_y(x,\ y)dy$$
の両辺を dt で除すると

$$\frac{dz}{dt} = f_x(x,\ y)\frac{dx}{dt} + f_y(x,\ y)\frac{dy}{dt} = \frac{\partial z}{\partial x}\frac{dx}{dt} + \frac{\partial z}{\partial y}\frac{dy}{dt}$$

$$= f_x(x,\ y)P'(t) + f_y(x,\ y)Q'(t) \tag{2・6}$$

この式で $t=x$ とおく —— y は x の関数 $y=Q(x)$ になる —— と

$$\frac{dz}{dx} = f_x(x, y) + f_y(x, y)\frac{dy}{dx} = f_x(x, y) + f_y(x, y)y'$$

となって前の (2·5) 式になる．

例えば，$z=f(x, y)=ax^2+by^2$，かつ $x=r\cos\theta,\ y=r\sin\theta$ であるときの $dz/d\theta$ を求めるには (2·6) 式で

$$f_x(x, y) = \frac{\partial z}{\partial x} = 2ax \qquad f_y(x, y) = \frac{\partial z}{\partial y} = 2by$$

$$\frac{dx}{d\theta} = -r\sin\theta \qquad\qquad \frac{dy}{d\theta} = r\cos\theta$$

$$\therefore\ \frac{dz}{d\theta} = 2ax(-r\sin\theta) + 2by(r\cos\theta) = 2r(by\cos\theta - ax\sin\theta)$$

また，$z=uv,\ u=P(x),\ v=Q(x)$ とすると

$$f_u(u, v) = \frac{\partial z}{\partial u} = v \qquad f_v(u, v) = \frac{\partial z}{\partial v} = u$$

$$\frac{du}{dx} = P'(x) = u' \qquad \frac{dv}{dx} = Q'(x) = v'$$

$$\therefore\ \frac{dz}{dx} = vu' + uv' = u'v + uv'$$

となって，関数の積の微分法の公式がえられる．

2·3　高次偏微分係数と応用

2 変数関数 $z=f(x, y)$ の偏微分係数 $f_x(x, y)$ および $f_y(x, y)$ は，また，x, y の関数であるから，これらをさらに引きつづき x, y について微分した第 2 次，第 3 次・第 n 次の偏微分係数を求めることができる．これを次のように記す．

第 2 次偏微分係数　　第 2 次偏微分係数は

$$\frac{\partial}{\partial x}\left(\frac{\partial z}{\partial x}\right) = \frac{\partial^2 z}{\partial x^2} = f_{xx}(x, y)$$

$$\frac{\partial}{\partial y}\left(\frac{\partial z}{\partial x}\right) = \frac{\partial^2 z}{\partial y \partial x} = f_{yx}(x, y)$$

$$\frac{\partial}{\partial y}\left(\frac{\partial z}{\partial y}\right) = \frac{\partial^2 z}{\partial y^2} = f_{yy}(x, y)$$

$$\frac{\partial}{\partial x}\left(\frac{\partial z}{\partial y}\right) = \frac{\partial^2 z}{\partial x \partial y} = f_{xy}(x, y)$$

第 3 次偏微分係数　　同様に第 3 次偏微分係数以上は，例えば

$$\frac{\partial}{\partial x}\left(\frac{\partial^2 z}{\partial x^2}\right) = \frac{\partial^3 z}{\partial x^3} = f_{xxx}(x, y)$$

2 多変数関数の微分法

$$\frac{\partial}{\partial x}\left(\frac{\partial^2 z}{\partial y \partial x}\right) = \frac{\partial^3 z}{\partial x \partial y \partial x} = f_{xyx}(x, y)$$

となる．このように $\frac{\partial z}{\partial y}$ の x についての偏微分係数は，$\frac{\partial^2 z}{\partial x \partial y}$ であり，$\frac{\partial z}{\partial x}$ の y についての偏微分係数は $\frac{\partial^2 z}{\partial y \partial x}$ であって，この関数 z およびその第1次，第2次偏導関数が連続であると，

$$\frac{\partial^2 z}{\partial x \partial y} = \frac{\partial^2 z}{\partial y \partial x}, \quad \text{すなわち} f_{xy}(x, y) = f_{yx}(x, y) \tag{2・7}$$

となる，例えば，$z = \varepsilon^y \sin x$ であるとき，

$$\frac{\partial z}{\partial y} = \varepsilon^y \sin x, \quad \frac{\partial^2 z}{\partial x \partial y} = \frac{\partial}{\partial x}\left(\frac{\partial z}{\partial y}\right) = \varepsilon^y \cos x$$

$$\frac{\partial z}{\partial x} = \varepsilon^y \cos x, \quad \frac{\partial^2 z}{\partial y \partial x} = \frac{\partial}{\partial y}\left(\frac{\partial z}{\partial x}\right) = \varepsilon^y \cos x$$

したがって，$\frac{\partial^2 z}{\partial x \partial y} = \frac{\partial^2 z}{\partial y \partial x}$ になる．

いま，これを証明するために，次の関数 $F(x, y)$ を考える．

$$F(x, y) = f(x+\Delta x, y+\Delta y) - f(x, y+\Delta y) - f(x+\Delta x, y)$$
$$+ f(x, y) \tag{1}$$

この右辺をそれぞれまとめると

$$F(x, y) = \{f(x+\Delta x, y+\Delta y) - f(x, y+\Delta y)\} - \{f(x+\Delta x, y)$$
$$- f(x, y)\} \tag{2}$$

となるので，この式で $G(y)$ を次のように定めると

$$G(y) = f(x+\Delta x, y) - f(x, y) \tag{3}$$

$$G(y+\Delta y) = f(x+\Delta x, y+\Delta y) - f(x, y+\Delta y) \tag{4}$$

となるので，(3)と(4)を(2)に代入すると

$$F(x, y) = G(y+\Delta y) - G(y)$$

となり，この右辺に平均値の定理を用いると

$$F(x, y) = \Delta y G'(y+\theta_1 \Delta y) \quad \text{ただし} \quad 0 < \theta_1 < 1 \tag{5}$$

となる．また，(3)を y について微分すると

$$G'(y) = f_y(x+\Delta x, y) - f_y(x, y)$$

$$G'(y+\theta_1 \Delta y) = f_y(x+\Delta x, y+\theta_1 \Delta y) - f_y(x, y+\theta_1 \Delta y)$$

これを(5)に代入すると，

$$F(x, y) = \Delta y \{f_y(x+\Delta x, y+\theta_1 \Delta y) - f_y(x, y+\theta_1 \Delta y)\} \tag{6}$$

この右辺で $(y+\theta_1 \Delta y)$ を定数とみなして，

$$\phi(x) = f_y(x, y+\theta_1 \Delta y) \text{ とおくと，} \phi(x+\Delta x) = f_y(x+\Delta x, y+\theta_1 \Delta y)$$

となり，(6)の右辺は $\Delta y \{\phi(x+\Delta x) - \phi(x)\}$ となり，これに平均値の定理を用いると

$$\Delta y \Delta x \phi'(x+\theta_2 \Delta x) \quad \text{ただし，} 0 < \theta_2 < 1 \quad \text{となるので，(6)は次のようになる．}$$

$$F(x, y) = \Delta y \Delta x \phi'(x+\theta_2 \Delta x)$$
$$= \Delta y \Delta x f_{xy}(x+\theta_2 \Delta x, y+\theta_1 \Delta y) \tag{7}$$

上記と同様に(2)の右辺を次のように書きかえる．

$$F(x, y) = \{f(x+\Delta x, y+\Delta y) - f(x+\Delta x, y)\}$$
$$- \{f(x, y+\Delta y) - f(x, y)\} \quad (2)'$$

この式で，$H(x)$を次のようにおくと

$$H(x) = f(x, y+\Delta y) - f(x, y) \quad (3)'$$
$$H(x+\Delta x) = f(x+\Delta x, y+\Delta y) - f(x+\Delta x, y) \quad (4)'$$

となるので，$(2)'$は

$$F(x, y) = H(x+\Delta x) - H(x)$$

となり，この右辺に平均値の定理を用いると，$0 < \theta_3 < 1$として

$$F(x, y) = \Delta x H'(x+\theta_3 \Delta x)$$

となるが$(3)'$をxについて微分すると

$$H'(x) = f_x(x, y+\Delta y) - f_x(x, y)$$

このxに$(x+\theta_3 \Delta x)$を入れると前式は

$$F(x, y) = \Delta x \{f_x(x+\theta_3\Delta x, y+\Delta y) - f_x(x+\theta_3\Delta x, y)\} \quad (5)'$$

この右辺で$(x+\theta_3\Delta x)$を定数とみなして，$\varphi(y) = f_x(x+\theta_3\Delta x, y)$とおくと，

$$\varphi(y+\Delta y) = f_x(x+\theta_3\Delta x, y+\Delta y)$$

となり，$(5)'$の右辺は$\Delta x \{\varphi(y+\Delta y) - \varphi(y)\}$となり，これに平均値の定理を用いると

$$\Delta x \Delta y \varphi'(x+\theta_4 \Delta y) \quad \text{ただし，} 0 < \theta_4 < 1$$

となるので$(5)'$は次のようになる．

$$F(x, y) = \Delta x \Delta y \varphi'(y+\theta_4 \Delta y)$$
$$= \Delta x \Delta y f_{yx}(x+\theta_3\Delta x, y+\theta_4\Delta y) \quad (6)'$$

以上の(7)と$(6)'$より

$$f_{xy}(x+\theta_2\Delta x, y+\theta_1\Delta y) = f_{yx}(x+\theta_3\Delta x, y+\theta_4\Delta y) \quad (8)$$

となるが，この式で$\Delta x \to 0$，$\Delta y \to 0$とおくと

$$f_{xy}(x, y) = f_{yx}(x, y), \quad \frac{\partial^2 z}{\partial x \partial y} = \frac{\partial^2 z}{\partial y \partial x}, \quad f_{xy} = f_{yx}$$

となり，$(2\cdot 7)$式の正しいことがわかる．この方法をさらにおし進めると

$$\frac{\partial^3 z}{\partial x^2 \partial y} = \frac{\partial}{\partial x}\left(\frac{\partial^2 z}{\partial x \partial y}\right) = \frac{\partial}{\partial x}\left(\frac{\partial^2 z}{\partial y \partial x}\right) = \frac{\partial^3 z}{\partial x \partial y \partial x}$$
$$= \frac{\partial^2 z}{\partial x \partial y}\left(\frac{\partial z}{\partial x}\right) = \frac{\partial^2 z}{\partial y \partial x}\left(\frac{\partial z}{\partial x}\right) = \frac{\partial^3 z}{\partial y \partial x^2}$$

となり，これを一般的に記すと次のようになる．

$$\frac{\partial^{p+q} z}{\partial x^p \partial y^q} = \frac{\partial^{p+q} z}{\partial y^q \partial x^p} \quad (2\cdot 8)$$

この$z = f(x, y)$において，yがxの関数であるとき，$(2\cdot 5)$式に示したように

$$\frac{dz}{dx} = f_x(x, y) + f_y(x, y)y', \quad \text{ただし } y' = \frac{dy}{dx}$$

であったが，さらに，これをxについて微分すると

$$\frac{d^2z}{dx^2} = \frac{d}{dx}f_x(x, y) + y'\frac{d}{dx}f_y(x, y) + f_y(x, y)\frac{d}{dx}y'$$

となるが, $f_x(x, y)$ や $f_y(x, y)$ は x, y の関数だから, 上記の (2·5) 式より

$$\frac{d}{dx}f_x(x, y) = f_{xx}(x, y) + f_{xy}(x, y)y'$$

$$\frac{d}{dx}f_y(x, y) = f_{yx}(x, y) + f_{yy}(x, y)y'$$

この二つを上式に代入し, $f_{xy} = f_{yx}$ の関係を用いると,

$$\frac{d^2z}{dx^2} = f_{xx} + 2f_{xy}\cdot y' + f_{yy}\cdot y'^2 + f_y\cdot y'' \tag{2·9}$$

ただし, 上記では, 例えば $f_{xx}(x, y)$ の括弧内を省略して単に f_{xx} と記した.

というようになる. この関係を利用して陰関数 $f(x, y) = 0$ の高次微係数を求めると, まず (2·5) 式より

$$f_x + f_y\cdot y' = 0 \quad \text{より} \quad \frac{dy}{dx} = y' = -\frac{f_x}{f_y} \tag{2·10}$$

となる.

一方, この場合は $z = f(x, y) = 0$ だから, (2·9) 式の左辺の d^2z/dx^2 は 0 になり

$$y'' = \frac{d^2y}{dx^2} = -\frac{1}{f_y}\left\{f_{xx} + 2f_{xy}\left(-\frac{f_x}{f_y}\right) + f_{yy}\left(-\frac{f_x}{f_y}\right)^2\right\}$$

$$= -\frac{1}{f_y^3}\left\{f_{xx}f_y^2 - 2f_{xy}f_xf_y + f_{yy}f_x^2\right\} \tag{2·11}$$

というようになる. 例えば

$x^2 + 2kxy + y^2 + c = 0$ の $\dfrac{d^2y}{dx^2}$ は

$$f_x = 2(x + ky), \ f_{xx} = 2, \ f_y = 2(y + kx), \ f_{yy} = 2, \ f_{xy} = 2k$$

となるので

$$\frac{d^2y}{dx^2} = -\frac{1}{8(y+kx)^3}\left\{8(y+kx)^2 - 16k(x+ky)(y+kx) + 8(x+ky)^2\right\}$$

$$= \frac{(k^2-1)(x^2+y^2+2kxy)}{(y+kx)^3}$$

というように求められる.

陰関数　　また, 3変数 x, y, z の間の関係が陰関数表示, すなわち,

$$f(x, y, z) = 0 \tag{1}$$

で与えられたときの偏微分係数 $\dfrac{\partial z}{\partial x}, \dfrac{\partial z}{\partial y}$ について考えてみよう. この (1) の両辺を x について偏微分するのに, x の増分 Δx に対する z の増分を Δz とすると,

$$f(x + \Delta x, y, z + \Delta z) - f(x, y, z) = 0 \tag{2}$$

となり, これに $f(x, y, z + \Delta z)$ を加減すると

$$\{f(x + \Delta x, y, z + \Delta z) - f(x, y, z + \Delta z)\}$$
$$+ \{f(x, y, z + \Delta z) - f(x, y, z)\} = 0$$

2·3 高次偏微分係数と応用

となり，この式の第1項では，y, $z+\Delta z$ が，第2項では x, y が，それぞれ定数とみなされるので，平均値の定理により

$$f(x+\Delta x, y, z+\Delta z) - f(x, y, z+\Delta z) = \Delta x f_x(x+\theta_1\Delta x, y, z+\Delta z)$$

$$f(x, y, z+\Delta z) - f(x, y, z) = \Delta z f_z(x, y, z+\theta_2\Delta z)$$

ただし，$0<\theta_1<1$，および $0<\theta_2<1$

となるので，先の (2) 式は

$$f_x(x+\theta_1\Delta x, y, z+\Delta z) + f_z(x, y, z+\theta_2\Delta z)\frac{\Delta z}{\Delta x} = 0$$

となる．ここで $\Delta x \to 0$，したがって $\Delta z \to 0$ とすると，この場合の $\Delta z/\Delta x$ は x のみの変化に対する z の変化であるから，明らかに $\partial z/\partial x$ になり

$$f_x(x, y, z) + f_z(x, y, z)\frac{\partial z}{\partial x} = 0 \tag{3}$$

$$\therefore \quad \frac{\partial z}{\partial x} = -\frac{f_x(x, y, z)}{f_z(x, y, z)} = -\frac{f_x}{f_z} \tag{2·12}$$

同様に，(1) の y に関する偏微分係数を考えるのに

$$\{f(x, y+\Delta y, z+\Delta z) - f(x, y, z+\Delta z)\}$$
$$+ \{f(x, y, z+\Delta z) - f(x, y, z)\} = 0$$

とおくと，上記と同じようにして，

$$f_y(x, y, z) + f_z(x, y, z)\frac{\partial z}{\partial y} = 0 \tag{4}$$

$$\therefore \quad \frac{\partial z}{\partial y} = -\frac{f_y(x, y, z)}{f_z(x, y, z)} = -\frac{f_y}{f_z} \tag{2·13}$$

がえられる．さらに (3) を x について偏微分すると

$$\frac{\partial}{\partial x}f_x + f_z\frac{\partial^2 z}{\partial x^2} + \frac{\partial z}{\partial x}\frac{\partial}{\partial x}f_z = 0 \tag{5}$$

となるが，ここで $\partial f_x/\partial x$ を考えるのに平均値の定理を用いて

$$\{f_x(x+\Delta x, y, z+\Delta z) - f_x(x, y, z+\Delta z)\}$$
$$+ \{f_x(x, y, z+\Delta z) - f_x(x, y, z)\} = 0$$

$$\Delta x f_{xx}(x+\theta_1\Delta x, y, z+\Delta z) + \Delta z f_{zx}(x, y, z+\theta_2\Delta z) = 0$$

$$f_{xx} + f_{zx}\frac{\partial z}{\partial x} = f_{xx} + f_{zx}\left(-\frac{f_x}{f_z}\right) = \frac{f_{xx}f_z - f_x f_{zx}}{f_z} \tag{6}$$

次に $\partial f_z/\partial x$ を考えると

$$\{f_z(x+\Delta x, y, z+\Delta z) - f_z(x, y, z+\Delta z)\}$$
$$+ \{f_z(x, y, z+\Delta z) - f_z(x, y, z)\} = 0$$

$$\Delta x f_{xz}(x+\theta_1\Delta x, y, z+\Delta z) + \Delta z f_{zz}(x, y, z+\theta_2\Delta z) = 0$$

$$f_{xx} + f_{zz}\frac{\partial z}{\partial x} = f_{xz} + f_{zz}\left(-\frac{f_x}{f_z}\right) = \frac{f_{xx}f_z - f_{zz}f_x}{f_z} \tag{7}$$

この (6), (7) を (5) に代入すると

$$\frac{f_{xx}f_z - f_x f_{zx}}{f_z} + f_z \frac{\partial^2 z}{\partial x^2} + \left(-\frac{f_x}{f_z}\right)\frac{f_{xz}f_z - f_{zz}f_x}{f_z} = 0$$

$$\therefore \quad \frac{\partial^2 z}{\partial x^2} = -\frac{f_{xx}f_z^2 - 2f_x f_z f_{zx} + f_{zz}f_x^2}{f_z^3} \qquad (2 \cdot 14)$$

同様にして (4) を y について偏微分し，または x について偏微分すると

$$\frac{\partial^2 z}{\partial y^2} = -\frac{f_{yy}f_z^2 - 2f_y f_z f_{zy} + f_{zz}f_y^2}{f_z^3} \qquad (2 \cdot 15)$$

$$\frac{\partial^2 z}{\partial x \partial y} = -\frac{f_{xy}f_z^2 - (f_{zx}f_y + f_{zy}f_x)f_z + f_{zz}f_x f_y}{f_z^3} \qquad (2 \cdot 16)$$

などがえられる．

例えば $\dfrac{x^2}{a^2} + \dfrac{y^2}{b^2} + \dfrac{z^2}{c^2} = 1$ の $\dfrac{\partial z}{\partial x}$, $\dfrac{\partial^2 z}{\partial x^2}$ を求めるために，$(2 \cdot 12)$ と $(2 \cdot 14)$ 式において，

$$f_x = \frac{2x}{a^2}, \quad f_{xx} = \frac{2}{a^2}, \quad f_z = \frac{2z}{c^2}, \quad f_{zz} = \frac{2}{c^2}, \quad f_{zx} = 0 \quad \text{より}$$

$$\frac{\partial z}{\partial x} = -\frac{\dfrac{2x}{a^2}}{\dfrac{2z}{c^2}} = -\frac{c^2 x}{a^2 z}$$

$$\frac{\partial^2 z}{\partial x^2} = -\frac{\dfrac{2}{a^2}\left(\dfrac{2z}{c^2}\right)^2 + \dfrac{2}{c^2}\left(\dfrac{2x}{a^2}\right)^2}{\left(\dfrac{2z}{c^2}\right)^3} = -\frac{c^2(a^2 z^2 + c^2 x^2)}{a^4 z^3}$$

というように算定できる．

2・4　2変数関数の極値と判定法

まず最初に，1変数で陰関数表示のとき，すなわち，$f(xy) = 0$ の場合の極値を偏微分を用いて求める方法を説明しよう．この場合の dy/dx を $(2 \cdot 10)$ 式によって求めて 0 とおくと

$$\frac{dy}{dx} = -\frac{f_x}{f_y} \quad \therefore \quad f_x = 0 \quad \text{ただし，} f_y \neq 0 \text{とする．}$$

これと原方程式 $f(xy) = 0$ を連立方程式として解くと，その根が極値を与えることになり，極大，極小の判定は，その第 2 次微係数が $(2 \cdot 11)$ 式より

$$\frac{d^2 y}{dx^2} = -\frac{f_{xx}f_y^2 - 2f_{xy}f_x f_y + f_{yy}f_x^2}{f_y^3}$$

2・4 2変数関数の極値と判定法

となるが，この場合は$f_x=0$で，$\dfrac{d^2y}{dx^2}=-\dfrac{f_{xx}}{f_y}$となり，$-\dfrac{f_{xx}}{f_y}>0$

∴ $f_{xx}f_y<0$で極小，　　$f_{xx}f_y>0$で極大

を与えることがわかる．

ただし，$-\dfrac{f_{xx}}{f_y}>0$ $\dfrac{f_{xx}}{f_y}<0$，この両辺に常に正数の$f_y{}^2$を乗じた．

例えば，$x^3-3axy+y^3=0$ 　　　　(1)

ただし，$a>0$の極値は

$$f_x=3x^2-3ay=0, \quad x^2-ay=0 \tag{2}$$

この(2)式より $x=\pm\sqrt{ay}$，これを(1)式に代入してyを求めると，$y=\sqrt[3]{4a}$となるので，$x=\sqrt[3]{2a}$となる．また，$f_{xx}=6x$, $f_y=3y^2-3ax$となり

$$f_{xx}(\sqrt[3]{2a},\sqrt[3]{4a})f_y(\sqrt[3]{2a},\sqrt[3]{4a})=18\sqrt[3]{4a^2}>0$$

となるので，$x=\sqrt[3]{2a}$は極大値を与え，その値$\sqrt[3]{4a}$である．

1変数関数の極値

次に，1変数関数の極値の求め方を2変数関数の場合に拡張して適用してみよう．いま，仮に2変数関数$z=f(x,y)$が

$$z=x^2+2xy+2y^2+2x-6y-5$$

であったとき，xとyの間には関数関係はないが——関数関係があるとyはxであらわされ，zはxのみの関数になる——，形式的に$y=\varphi(x)$とおくと原式は

$$z=x^2+2x\{\varphi(x)\}+2\{\varphi(x)\}^2+2x-6\varphi(x)-5$$

となって，形式的にxのみの関数となるので，この極値は$z'=0$の根の内にある．上式のzをxについて微分すると，

$$z'=2x+2\varphi(x)+2x\varphi'(x)+4\varphi(x)\varphi'(x)+2-6\varphi'(x)$$
$$=2\{x+\varphi(x)+1\}+2\varphi'(x)\{x+2\varphi(x)-3\}$$
$$=2(x+y+1)+2y'(x+2y-3)$$

ただし，$2\dfrac{d}{dx}x\{\varphi(x)\}=2\left\{\varphi(x)\dfrac{dx}{dx}+x\dfrac{d\varphi(x)}{dx}\right\}=2\varphi(x)+2x\varphi'(x)$

$2\dfrac{d}{dx}\{\varphi(x)\}^2=2\dfrac{d\{\varphi(x)\}^2}{d\varphi(x)}\dfrac{d\varphi(x)}{dx}=4\varphi(x)\varphi'(x)$

また，$\varphi(x)=y$, $\varphi'(x)=y'$である．

この式で$\varphi(x)$は全く任意の関数でyの代わりに$\varphi(x)$を用いたからといって，xとyの間になんの関係も生じたわけでなく，x, yは互いに全く無関係であって，したがって$\varphi'(x)$も全く任意の関数となり，$z'=0$は

$$2(x+y+1)+2y'(x+2y-3)=0$$

となり，y'のどのような値でも，この関係が成立するためには

$$x+y+1=0 \qquad x+2y-3=0$$

が成立せねばならない．この二つの連立方程式を解くと，$x=-5$, $y=4$をうる．このxとyの値がzに極値を与えるが，極大か極小かを判定するために，z''を求めて$z''<0$なら極大，$z''>0$なら極小の場合になる．

$$z''=2(1+y')+2y'(1+2y')+2y''y(x+2y-3)$$

—35—

この右辺の最後の項は上記のように $x+2y-3=0$ になるので

$$z''=2(1+2y'+2y'^2)=4y'^2+4y'+2$$

この y'' の2次方程式の根の判別式は

$$D^2=b^2-4ac=16-4\times 4\times 2=-16<0$$

となって, y' は虚根となり ── この z'' のグラフはX軸と交わらず, $a>0$ の場合は凹形となって曲線はX軸の上方にのみ存在し, z'' は常に正であり, $a<0$ の場合は凸形となってX軸の下方にのみ存在し, z'' は常に負である ──. z'' は $a>0$ だから y' の値の如何にかかわらず正で, $z''>0$ になるので, 上記の x, y の値は極小を与え, z の極小値は

$$f(-5, 4)=25-40+32-10-24-5=-22$$

となる.

さて, この2変数の場合の極値を一般的にいうと, 関数 $z=f(x, y)$ において,

$$[\{f_{xy}(x, y)\}^2-f_{xx}(x, y)f_{yy}(x, y)]>0$$

の場合は極値をもたないが, これに反し

$$[\{f_{xy}(x, y)\}^2-f_{xx}(x, y)f_{yy}(x, y)]<0 \qquad (2\cdot 17)$$

であるときは極値をもち, その値は

$$f_x(x, y)=0, \qquad f_y(x, y)=0 \qquad (2\cdot 18)$$

なる連立方程式を解いてえられる. その極大か極小かは

$$f_{xx}(x, y)<0 のとき極大, f_{xx}(x, y)>0 のとき極小 \qquad (2\cdot 19)$$

によって判定される. なお,

$$\{f_{xy}(x, y)\}^2-f_{xx}(x, y)f_{yy}(x, y)=0$$

の場合は不明であって, さらに検討を要する.

次に上記を証明しよう. $z=f(x, y)$ において, 前述と同様に形式的に $y=\varphi(x)$ とおくと,

$$z=f(x, y)=f\{x, \varphi(x)\}$$

となって, 形式的に $f(x, y)$ は x のみの関数となるので, 極値の場合の x の値は $z'=0$ なる方程式の根の中に含まれている. そこで z' を $(2\cdot 5)$ 式によって求めて0とおくと,

$$z'=f_x(x, y)+f_y(x, y)y'=0$$

となるが, $y=\varphi(x)$ は全く任意の関数であるから y' も任意の関数となり, 上式が成立するための絶対的な条件として, $(2\cdot 18)$ 式に示した

$$f_x(x, y)=0, f_y(x, y)=0$$

が成立せねばならない. いいかえると, この二つの式を連立方程式として解いた x, y の値が z に極値を与える. このことは図 $2\cdot 4$ からも明らかで極大点Pにせよ極小点Qにせよ, これらの極点では xy 面が曲面と接する接平面になって, これらの極点でX軸方向およびY軸方向の直線を考えると, これらは接平面上にあるので, X軸方向の断面曲線およびY軸方向の断面曲線の接線になり, 当然, $f_x(x, y)=0, f_y(x, y)=0$ になる.

極点

2·4　2変数関数の極値と判定法

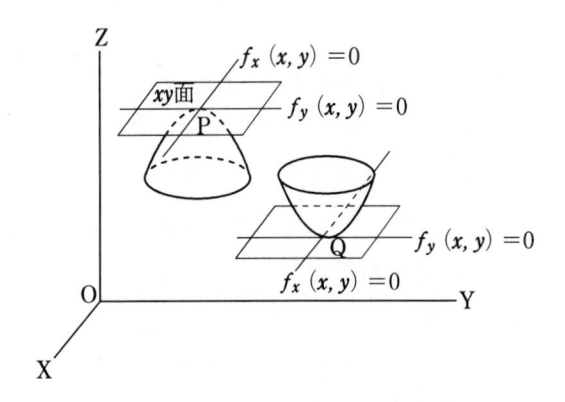

図 2·4 極値を与える条件

次にこれが極大を与えるか極小を与えるかを判定するには，前例のように，さらにz''を求めて$z''<0$のときは極大，$z''>0$のときは極小となり，$z''=0$のときは，さらに高次の微係数を求めて判定する．

さて，z''は$(2·9)$式より

$$z''=f_{xx}(x,\ y)+2f_{xy}(x,\ y)y'+f_{yy}(x,\ y)y'^2+f_y(x,\ y)y''$$

となるが，右辺の最後の項は上記から0になるので，この場合の

$$z''=f_{yy}(x,\ y)y'^2+2f_{xy}(x,\ y)y'+f_{xx}(x,\ y)$$

極値　となって，極値を有するためには，y'の値の如何にかかわらず$z''>0$または$z''<0$とならねばならないが，前例の説明から明らかなように，こうなるためには，このy'に関する2次方程式は虚根を持たねばならないので，$(2·17)$式に示したように

$$[\{2f_{xy}(x,\ y)\}^2-4f_{yy}(x,\ y)f_{xx}(x,\ y)]<0$$

$$\therefore\ [\{f_{xy}(x,\ y)\}^2-f_{yy}(x,\ y)f_{xx}(x,\ y)]<0$$

となり，前例の2次方程式の根の判別式のaの正負とz''の正負の関係から$(2·19)$式で示したように

$f_{xx}(x,\ y)>0$，$z''>0$で極小値を与える．

$f_{xx}(x,\ y)<0$，$z''<0$で極大値を与える．

例えば，$z=x^3+y^3-3xy$ の極値を求めると，

$$f_x(x,\ y)=3x^2-3y=0,\quad x^2-y=0 \tag{1}$$

$$f_y(x,\ y)=3y^2-3x=0,\quad y^2-x=0 \tag{2}$$

この二つを連立方程式として解くために，(1)より $y=x^2$，これを(2)に代入すると

$$x^4-x=x^3(x-1)=0$$

$x=0,\ y=0$ または $x=1,\ y=1$ となるが，

$$f_{xx}(x,\ y)=6x,\ f_{xx}(0,\ 0)=0,\ f_{xx}(1,\ 1)=6>0$$

になるので，$x=0,\ y=0$は$f_{xx}=0$とするので極値でなく，$x=1,\ y=1$は$f_{xx}>0$となるのでzの値を極小とし，その値は-1になる．

2·5　多変数関数の全微分と極値

まず，三つの独立変数$x,\ y,\ z$からなる関数$u=f(x,\ y,\ z)$をとりあげて考えてみよう．2変数の場合と同様に，$x,\ y,\ z$がそれぞれ$\Delta x,\ \Delta y,\ \Delta z$だけ増加したときの

2 多変数関数の微分法

u の増分を Δu とすると

$$\Delta u = f(x+\Delta x,\ y+\Delta y,\ z+\Delta z) - f(x,\ y,\ z) \tag{1}$$

となるが，次のものについて平均値の定理を用いると，

$$f(x+\Delta x,\ y+\Delta y,\ z+\Delta z) - f(x,\ y+\Delta y,\ z+\Delta z)$$
$$= \Delta x f_x(x+\theta_1 \Delta x,\ y+\Delta y,\ z+\Delta z) \tag{2}$$

となり，さらに次のものに平均値の定理を用いると

$$f(x,\ y+\Delta y,\ z+\Delta z) - f(x,\ y,\ z+\Delta z)$$
$$= \Delta y f_y(x,\ y+\theta_2 \Delta y,\ z+\Delta z) \tag{3}$$

となり，続いて次の式に平均値の定理を用いると

$$f(x,\ y,\ z+\Delta z) - f(x,\ y,\ z) = \Delta z f_z(x,\ y,\ z+\theta_3 \Delta z) \tag{4}$$

ただし，$\theta_1,\ \theta_2,\ \theta_3$ はいずれも1より小さい．

となるが，この(2), (3), (4)の両辺を加え合わすと，左辺は(1)の Δu になり，ここで $\Delta x,\ \Delta y,\ \Delta z$ を無限に小さくして行くと，$\Delta x \to dx,\ \Delta y \to dy,\ \Delta z \to dz,\ \Delta u = du$ となり，かつ，$x+\theta_1 dx = x,\ y+\theta_2 dy = y,\ z+\theta_3 dz = z,\ y+dy = y,\ z+dz = z$ になるので，この場合の**全微分**は

$$du = dx f_x(x,\ y,\ z) + dy f_y(x,\ y,\ z) + dz f_z(x,\ y,\ z) \tag{2・20}$$

になる．以上のことは容易に n 箇の独立変数 $x_1,\ x_2,\ \cdots,\ x_n$ を有する関数 $y = f(x_1,\ x_2,\ \cdots,\ x_n)$ に拡張して証明ができるので，一般的な n 箇の独立変数を有する**多変数関数の全微分**の式は次のようになる．

$$dy = dx_1 f_{x1}(x_1,\ x_2,\ \cdots,\ x_n) + dx_2 f_{x2}(x_1,\ x_2,\ \cdots,\ x_n) + \cdots$$
$$+ dx_n f_{xn}(x_1,\ x_2,\ \cdots,\ x_n) \tag{2・21}$$

いま，電動機のトルク T が

$$T = \frac{kEI}{N}.\quad k:\text{定数},\ E:\text{電圧},\ I:\text{電流},\ N:\text{速度}$$

であらわされるとき，この E に $\pm\Delta E$，I に $\pm\Delta I$，N に $\pm\Delta N$ の変化があったときの T の変化を ΔT とすると，(2・20)式より

$$f_x = \frac{\partial T}{\partial E} = \frac{kI}{N},\quad f_y = \frac{\partial T}{\partial I} = \frac{kE}{N},\quad f_z = \frac{\partial T}{\partial N} = -\frac{kEI}{N^2}$$

となるので ΔT は

$$\Delta T = \pm\frac{kI}{N}\Delta E \pm \frac{kE}{N}\Delta I \mp \frac{kEI}{N^2}\Delta N$$

として求められる．

なお，一般の多変数関数の場合の極値も2変数の場合と同様であって，例えば，3変数関数 $f(x,\ y,\ z)$ の極値は次の3元連立方程式

$$f_x(x,\ y,\ z) = 0,\ f_y(x,\ y,\ z) = 0,\ f_z(x,\ y,\ z) = 0 \tag{2・22}$$

の根の中に含まれ，極値の判定は

$$f_{xx} = a,\ f_{yy} = b,\ f_{zz} = c,\ f_{xy} = \alpha,\ f_{yz} = \beta,\ f_{zx} = \gamma$$

とすると，

$$a<0,\ b<0,\ c<0,\ \Delta<0 \text{ のときは極大}$$
$$a>0,\ b>0,\ c>0,\ \Delta>0 \text{ のときは極小} \tag{2・23}$$

2·5 多変数関数の全微分と極値

ただし，$\Delta = \begin{vmatrix} a & \alpha & \gamma \\ \alpha & b & \beta \\ \gamma & \beta & c \end{vmatrix} = abc + 2\alpha\beta\gamma - a\beta^2 - b\gamma^2 - c\alpha^2$

となる．

3 関数の極値についての例題

次に関数の極値を求める応用例題をかかげるが、まず、$y=f(x)$ を x について微分して $f'(x)$ を計算し、$f'(x)=0$ なる方程式を解いて、その根 $a_1, a_2, \cdots$ を求め（これが n 次方程式なら n 根）、さらに $f'(x)$ を x について微分して $f''(x)$ を計算し、この式の x に例えば、a_1, a_2 を代入して、

$f''(a_1)<0$ なら y は $x=a_1$ で極大となり、

$f''(a_2)>0$ なら y は $x=a_2$ で極小になる。

最大値
最小値

（注）$y=f(x)$ をあらわす曲線が、x のある変域内でいくつかの極大値と極小値——いくつかの山頂と谷底——をもつとき、山頂のもっとも高いものを最大値、谷底のもっとも低いものを最小値といい、両者の意味はちがうが、本項で扱うものは極大値や極小値を一つしか有さない場合で、最大と極大、最小と極小が一致するので、以下では両方の言葉を同じ意味に用いた。

〔例題 1〕 図 3·1 に示すように、抵抗 r, R、インダクタンス L、可変静電容量 C からなる回路の AB 端子間に周波数 f の一定交流電圧 E を加えたとき、R の電流 I を最大とする C の値を求めよ。

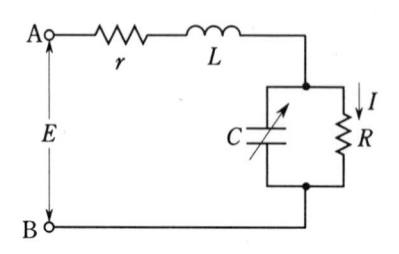

図 3·1　C：可変，I→最大

〔解答〕　R すなわち C の端子電圧は IR だから C に流れる電流 $I_C=j\omega CIR$、ただし、$\omega=2\pi f$ となって、回路の全電流 $I_0=I+I_C=I(1+j\omega CR)$ となり、

$$E = IR + I_0(r+j\omega L) = I\{R+(1+j\omega CR)(r+j\omega L)\}$$
$$= I\{(R+r-\omega^2 LCR)+j(\omega L+\omega CRr)\}$$
$$\therefore I = \frac{E}{\sqrt{(R+r-\omega^2 LCR)^2+(\omega L+\omega CRr)^2}}$$

この式で I を極大とするには、分子は定数だから、分母の根号内を極小とすればよい。これを y とおくと

$$\frac{dy}{dC} = 2(R+r-\omega^2 LCR)(-\omega^2 LR)+2(\omega L+\omega CRr)(\omega Rr)$$
$$= 2\omega^2 R(-LR-Lr+\omega^2 L^2 CR+Lr+CRr^2)$$
$$= 2\omega^2 R^2\{C(r^2+\omega^2 L^2)-L\} = 0$$

$$\therefore \quad C = \frac{L}{r^2 + \omega^2 L^2} = \frac{L}{z^2}$$

ただし，上記では関数の関数の微分法を用いた．

すなわち，$y = u^2$，$u = f(x)$ とすると $\dfrac{dy}{dx} = \dfrac{du^2}{du} \dfrac{du}{dx} = 2u \dfrac{du}{dx}$ になる．

この値が，y に極大を与えるか極小を与えるかを吟味するために，y'' を求めてみると

$$y'' = \frac{d^2 y}{d C^2} = 2\omega^2 R^2 \left(r^2 + \omega^2 L^2\right) > 0$$

となって，常に正の定数になるので，y は極小値のみしか有さない．

ここで注意を喚起しておきたいこと，ある種の公式的な固定観念にとらわれて融通性を失うことで，例えば極大極小の問題は微分法を用いるのだというような固定観念にとりつかれてはならない．常に最短コースで正解に達する視野の広さと融通性が大切である．例えば

$$y = \frac{R_1 R_2 + \omega^2 M^2}{\omega M}$$

で ωM のみを変数として y の極小を求めるのに，この式を ωM について微分して 0 とおくというようなことをしなくとも，上式を書き直すと

$$y = \frac{R_1 R_2}{\omega M} + \omega M$$

となり，右辺の 2 数の積は $R_1 R_2$ と一定だから ── 代数学の定理「2 数の積が一定のときは和の最小となるのは 2 数の等しいときである」── 直ちに

$$y \text{ の極小は } \frac{R_1 R_2}{\omega M} = \omega M, \quad \omega M = \sqrt{R_1 R_2}$$

と求められ，吟味の必要もない．また，この解で示したように，I の式全部について微分する必要はない．例えば

$$P = \frac{R X^2 E}{(Rr - Xx)^2 + \{R(X + x) + Xr\}^2}$$

の R のみを変数としたとき P の極値を求めるには，この分母子を R で除すると，分母のみが変数となり，これを y とおくと

$$y = Rr^2 - 2Xrx + \frac{X^2 x^2}{R} + R(X + x)^2 + 2(X + x) Xr + \frac{X^2 r^2}{R}$$

となり，これについて極値を求め y が極大なら P は極小となるように求める．

なお，時にはその逆数，例えば Z の代わりに Y について求めてもよい．

「$Z_1 = R + j\omega L$ と $Z_2 = -j\dfrac{1}{\omega C}$ を並列接続として，C を調整して合成インピーダンスを最大とする C を求めよ」という問題を真正面から受け取って，合成インピーダンスの式を求めて微分していると大変な時間をくう．Z を最大にするのだから Y を極小にすればよく，単なる並列回路だから

$$Y = \frac{R}{R^2 + \omega^2 L^2} + j\left(\omega C - \frac{\omega L}{R^2 + \omega^2 L^2}\right)$$

3 関数の極値についての例題

となり，Y を極小にするには第1項は定数だから，第2項を0とすればよい．すなわち $C = L/(R^2 + \omega^2 L^2)$ と直ちに求められる．

[例題 2] 図3・2のように線路インピーダンス $Z_l = r + jx$，負荷インピーダンス $Z = R + jX$ なる線路の負荷端に可変静電リアクタンス x_C を接続したとき，供給電圧 E_S を一定として E_R を最大とする x_C の値を求めよ．

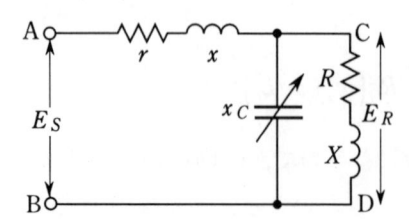

図3・2 x_C：可変, $E_R \to$ 最大

〔解答〕 各部のインピーダンスを Z_l, Z, Z_C としたとき，電圧分布はインピーダンスの比となり

$$E_R = E_S \times \frac{\dfrac{ZZ_C}{Z+Z_C}}{Z_l + \dfrac{ZZ_C}{Z+Z_C}} = E_S \times \frac{ZZ_C}{Z_l Z + Z_C(Z_l + Z)}$$

$$= E_S \times \frac{Z}{Z_l + Z + \dfrac{Z_l Z}{Z_C}}$$

となり，この式での変数は Z_C のみだから E_R を最大とするには，

$$Y = Z_l + Z + \frac{Z_l Z}{Z_C}$$

を最小とすればよく

$$Y = (r + jx) + (R + jX) + j\frac{1}{x_C}(r + jx)(R + jX)$$

$$= \left(r + R - \frac{Rx + Xr}{x_C}\right) + j\left(X + x + \frac{Rr - Xx}{x_C}\right)$$

$$|Y| = \sqrt{\left(r + R - \frac{Rx + Xr}{x_C}\right)^2 + \left(X + x + \frac{Rr - Xx}{x_C}\right)^2}$$

この $|Y|$ を最小とするには，上式の根号内 y を最小とすればよく，いま

$$r + R = p,\ X + x = q,\ Rx + Xr = u,\ Rr - Xx = v$$

とおくと，

$$y = \left(p - \frac{u}{x_C}\right)^2 + \left(q + \frac{v}{x_C}\right)^2$$

$$\frac{dy}{dx_C} = 2\left(p - \frac{u}{x_C}\right)\left(\frac{u}{x_C^2}\right) + 2\left(q + \frac{v}{x_C}\right)\left(-\frac{v}{x_C^2}\right)$$

$$= \frac{2}{x_C^2}(pu - qv) - \frac{2}{x_C^3}(u^2 + v^2) = 0$$

−42−

3 関数の極値についての例題

$$x_C(pu-qv) = u^2+v^2 \qquad \therefore \quad x_C = \frac{u^2+v^2}{pu-qv}$$

極大か極小かを吟味するためにy''を求めると

$$\frac{d^2y}{dx_C^2} = -\frac{4}{x_C^3}(pu-qv) + \frac{6}{x_C^4}(u^2+v^2)$$

これに前に求めたx_Cの値を代入すると

$$\frac{d^2y}{dx_C} = -\frac{4(pu-qv)^4}{(u^2+v^2)^3} + \frac{6(pu-qv)^4}{(u^2+v^2)^3} = \frac{2(pu-qv)^4}{(u^2+v^2)^3} > 0$$

すなわち，$(pu-qv)^4$は括弧内が正負いずれでも正数になり，前に求めたx_Cの値はyを極小に，従ってEを極大にする．なお，

$$u^2+v^2 = (Rx+Xr)^2 + (Rr-Xx)^2 = R^2(r^2+x^2) + X^2(r^2+x^2)$$
$$= (R^2+X^2)(r^2+x^2)$$
$$pu-qv = (r+R)(Rx+Xr) - (X+x)(Rr-Xx)$$
$$= x(R^2+X^2) + X(r^2+x^2)$$

となるので，E_Rを最大とするx_Cの値は

$$x_C = \frac{(R^2+X^2)(r^2+x^2)}{x(R^2+X^2) + X(r^2+x^2)}$$

（注）途中でp，q，u，vで代置したこと，y'をy''を求めやすい形としておくこと，答のx_Cの式は$z^4/z^3 = z$で元はオームとなり正しいことなどに注意されたい．

[例題 3]　図3・3のように，抵抗Rに静電リアクタンスx_Cを並列とし，さらに誘導リアクタンスx_lを直列とし，x_Cを調整してこの回路を無誘導とし，合成抵抗の値をRの$1/n$にしようとする．これに適するx_l，x_Cの値を計算し，x_lを最大とするnの値を求めよ．

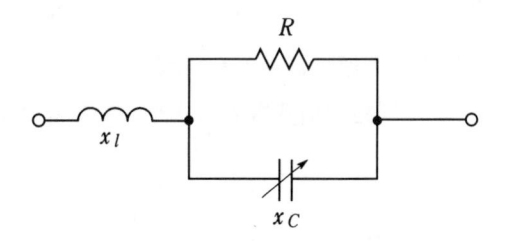

図3・3　x_C：可変，$y_l \to$ 最大

〔解答〕　この回路の合成インピーダンスZは

$$Z = jx_l + \frac{-jx_C R}{R - jx_C} = \frac{x_C^2 R}{R^2 + x_C^2} + j\left(x_l - \frac{x_C R^2}{R^2 + x_C^2}\right)$$

したがって，題意のようにするには

$$\frac{x_C^2 R}{R^2 + x_C^2} = \frac{R}{n}, \qquad x_l - \frac{x_C R^2}{R^2 + x_C^2} = 0, \qquad x_l = \frac{x_C R^2}{R^2 + x_C^2}$$

が成立せねばならない．

3 関数の極値についての例題

前式より $x_C = \dfrac{R}{\sqrt{n-1}}$, 後式に代入し $x_l = \dfrac{\sqrt{n-1}}{n}R$

この x_l を最大とする n の値は

$$\frac{dx_l}{dn} = \left\{ \frac{\dfrac{1}{2}(n-1)^{-\frac{1}{2}} \cdot n - \sqrt{n-1}}{n^2} \right\} R = 0$$

$\dfrac{n}{2\sqrt{n-1}} = \sqrt{n-1}$ より, $n = 2(n-1)$, $\therefore$ $n = 2$

または, $x_l = \dfrac{\sqrt{n-1}}{n}R = \sqrt{\dfrac{1}{n} - \dfrac{1}{n^2}}R$ とすると R は定数であって, x_l の負値はないから, 根号内は正数で, 根号内が極大なら x_l も極大になる.

$y = \dfrac{1}{n} - \dfrac{1}{n^2}$ とおいて, $\dfrac{dy}{dn}$ を求めると, $\dfrac{dy}{dn} = -\dfrac{1}{n^2} + \dfrac{2}{n^3} = 0$ より, $n = 2$ となる.

この極値を判定すると

$$y'' = \frac{d^2y}{dn^2} = \frac{2}{n^3} - \frac{6}{n^4}$$

$$(y'')_{n=2} = \frac{2}{2^3} - \frac{6}{2^4} = \frac{2}{8} - \frac{6}{16} = -\frac{1}{8} < 0$$

となるので $n = 2$ は y を, したがって x_l を極大とする.

[例題 4] 図3·4のように抵抗 R と静電容量 C を並列とした回路に一定電流 I を通じたとき, この回路の消費電力を最大とする C と R の関係を求めよ.

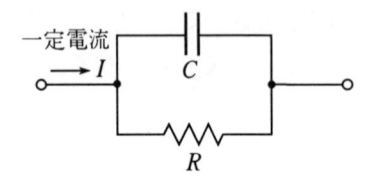

図3·4 $P \rightarrow$ 最大とする C と R の関係

〔解答〕 この極大, 極小の問題は $\omega = 2\pi f$ を変数とするか, C か R を変数とするかが問題である. そこで, この回路の消費電力の式を求めて考えてみよう.

回路の合成インピーダンスは

$$Z = \frac{-j\dfrac{1}{\omega C}R}{R - j\dfrac{1}{\omega C}} = \frac{-jR}{\omega CR - j} = \frac{R}{1 + (\omega CR)^2} - j\frac{\omega CR^2}{1 + (\omega CR)^2}$$

となるので,

この回路の等価抵抗 $r = \dfrac{R}{1 + (\omega CR)^2}$

となり, 回路の消費電力 P は

$$P = I^2 r = I^2 \frac{R}{1 + (\omega CR)^2}$$

消費電力

-44-

になるが，この式でωを変数とすると$\omega=0$でPが最大になるが，$f=0$は直流の場合── Cに電流が流れない ──ということで問題にならない．

Cを可変としても$C=0$ ── $C=Q/V$, $Q=0$, 極板間隔を無限にひろげて電荷を蓄積させない．すなわちCの部分は開路 ──ということで問題にならない．結局，本問ではRを変数とすることになる．Pの式を書き直すと

$$P = I^2 \frac{1}{\frac{1}{R}+\omega^2 C^2 R} = I^2 \frac{1}{y}$$

になり，このyを極小とすると，Pは極大になる．

$$\frac{dy}{dR} = -\frac{1}{R^2} + \omega^2 C^2 = 0, \qquad \therefore \quad R = \frac{1}{\omega C}$$

もっともyの式の2項の積は$\omega^2 C^2$と定数になるので，既述したように，2数の等しい$1/R = \omega^2 C^2 R$のとき和は最小となるので，微分を用いるまでもない．なお，念のために，極値を判定すると

$$\frac{d^2 y}{dR^2} = \frac{2}{R^3}, \qquad (y'')_{R=1/\omega C} = \frac{2}{(\omega C)^3} > 0$$

となって，上記のRはyを極小としPを極大とする．

$$R_{\max} = \frac{I^2}{\omega C + \omega^2 C^2 \cdot \frac{1}{\omega C}} = \frac{I^2}{2\omega C}$$

線路損失

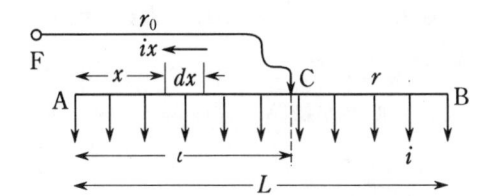

[例題 5] 図3·5のように亘長L, 単位長あたりの電流がiの割合で平等に分布された負荷がある．その線路単位長の抵抗をrとすると，C点のどのような位置で全線路電力損失は最小となるか，このときの線路損失を求めよ．ただし，き電線の抵抗は一定値r_0とする．

図3·5　l：可変，電力損失→最小

〔解答〕　負荷全電流はiLとなり，これがFC間を流れるので
　　FC間の電力損失　$p_1 = (iL)^2 r_0$

いま，A点から距離xなる部分の微小部分dxをとって考えると，そこに流れる電流はixであり，抵抗はrdxであって，この部分の線路電力損失$dp = (ix)^2 rdx$となるので，$\overline{AC} = l$とすると，このAC間の電力損失p_2はdpを$x=l$から$x=0$まで積分することになり

$$p_2 = \int_0^l dp = \int_0^l (ix)^2 r dx = i^2 r \int_0^l x^2 dx = i^2 r \left[\frac{x^3}{3}\right]_0^l = i^2 r \frac{l^3}{3}$$

同様にBC間での線路電力損失p_3は

$$p_3 = \int_0^{(L-l)} (ix)^2 r dx = i^2 r \left[\frac{x^3}{3}\right]_0^{L-l} = i^2 r \frac{(L-l)^3}{3}$$

全線路損失　$p_0 = p_1 + p_2 + p_3 = (iL)^2 r_0 + \dfrac{i^2 r}{3}\{l^3 + (L-l)^3\}$

ここで変数は l で —— C点を線路上で動かす ——，l について p_0 を微分して結果を0とおくと

$$\frac{dp_0}{dl} = \frac{i^2 r}{3}\{3l^2 + 3(L-l)^2(-1)\} = \frac{i^2 r}{3}(6Ll - 3L^2) = 0$$

$$6Ll - 3L^2 = 0, \quad l = \frac{3L^2}{6L} = \frac{L}{2}$$

この極値を判定すると

$$\frac{d^2 p_0}{dl^2} = \frac{i^2 r}{3} \times 6L = 2i^2 rL > 0$$

ゆえに，$l = L/2$ は p_0 に極小値を与える．このときの

$$p_0 = (iL)^2 r_0 + \frac{i^2 r}{3}\left\{\left(\frac{L}{2}\right)^3 + \left(L - \frac{L}{2}\right)^3\right\} = i^2 L^2\left(r_0 + \frac{rL}{12}\right)$$

というようになる．

[例題6]　図3·6に示すように，1線の抵抗 r，リアクタンス x の3相3線式1回線の送電線において，受電端負荷の力率を調相機によって任意に調整して，送電端電圧を E_S，受電端電圧を E_R 一定に保ったとき，受電することのできる最大電力を算定せよ．

最大電力

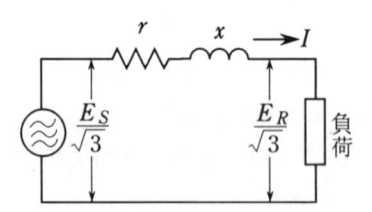

図3·6　θ：可変，$P \to$ 最大

〔解答〕　1相について考え，送電端相電圧を $E_S' = E_S/\sqrt{3}$，受電端相電圧を $E_R' = E_R/\sqrt{3}$，負荷電流を I とし，E_R' を基準にベクトル関係を画くと，図3·7のようになり，$\dot{E}_S'$ と $\dot{E}_R'$ のベクトル差が線路の電圧降下 $\dot{I}(r + jx) = \dot{I}\dot{Z}$ になる．

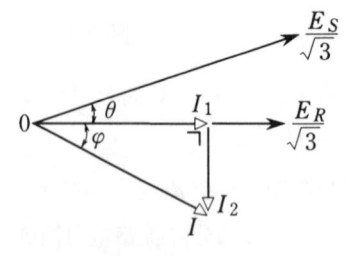

図3·7　電圧・電流のベクトル関係

また，負荷力率を $\cos\varphi$ とすると，負荷電流 $\dot{I} = I\cos\varphi - jI\sin\varphi = I_1 - jI_2$ となるので，

$$\dot{I} = I_1 - jI_2 = \frac{1}{\dot{Z}}(\dot{E}_S' - \dot{E}_R') = \frac{1}{r + jx}\{E_S'(\cos\theta + j\sin\theta) - E_R'\}$$

$$= \frac{r - jx}{r^2 + x^2}\{(E_S'\cos\theta - E_R') + jE_S'\sin\theta\}$$

$$= \frac{(E_S'\cos\theta - E_R')r + E_S' x\sin\theta}{r^2 + x^2} - j\frac{(E_S'\cos\theta - E_R')x - E_S' r\sin\theta}{r^2 + x^2}$$

したがって，受電端1相の電力p'は

$$p' = E_R' I_1 = \frac{E_R'\{(E_S'\cos\theta - E_R')r + E_S' x\sin\theta\}}{r^2 + x^2}$$

この式の右辺はθのみの関数となるので，$dp'/d\theta = 0$とおいてp'の極値を求める．ところが変数部分は分子の$\{\ \}$内のみとなるので，これをyとおくと

$$\frac{dy}{d\theta} = -E_S' r\sin\theta + E_S' x\cos\theta = 0$$

$$\tan\theta = \frac{\sin\theta}{\cos\theta} = \frac{x}{r}, \qquad \theta = \tan^{-1}\frac{x}{r} = \alpha$$

極値を判定すると

$$\frac{d^2 y}{d\theta^2} = -E_S' r\cos\theta - E_S' x\sin\theta, \quad (y'')_{\theta=\alpha} = -E_S'(r\cos\alpha + x\sin\alpha) < 0$$

ただし，$\alpha < \dfrac{\pi}{2}$であり$\cos\alpha, \sin\alpha$は正数

となるので，上記の$\theta = \alpha$はyを，したがってP'を極大とする．その値は

$$P_m' = \frac{E_R'\{(E_S'\cos\alpha - E_R')r + E_S' x\sin\alpha\}}{r^2 + x^2}$$

3相全体としての最大受電電力を$P_m = 3P_m'$とし，相電圧を線間電圧に書きかえると

$$P_m = 3P_m' = \frac{3}{Z^2}\left[\frac{E_R}{\sqrt{3}}\left\{\left(\frac{E_S}{\sqrt{3}}\cdot\frac{r}{Z} - \frac{E_R}{\sqrt{3}}\right)r + \frac{E_S x}{\sqrt{3}}\cdot\frac{x}{Z}\right\}\right]$$

$$= \frac{3}{Z^2}\left[\frac{E_R}{3}\left\{\frac{E_S(r^2+x^2)}{Z} - E_R r\right\}\right] = \frac{E_R}{Z}\left(E_S - \frac{r}{Z}E_R\right)$$

ただし，$Z^2 = r^2 + x^2$，$\cos\alpha = \dfrac{r}{Z}$，$\sin\alpha = \dfrac{x}{Z}$である．

[例題7]　図3・8の直流2線式配電線において，Aをき電点，B, Cを負荷点とし，負荷電流をそれぞれi_1, i_2とする．このAC間の電圧降下を一定値としたとき，所要電線量を最小とするABとBC間の電線の断面積の比S_2/S_1を求めよ．ただし，AB間の電線の亘長をl_1，BC間をl_2とする．

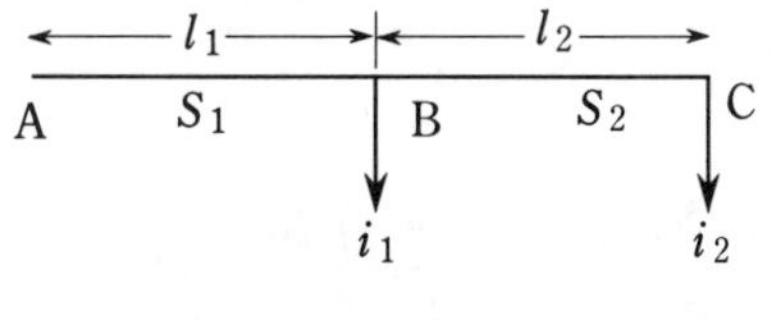

図3・8　S_1/S_2；可変，電線量→最小

[解答]　AC間の電圧降下（片線）をe，AC間の所要電線量（片線）をVとすると，

$$V = S_1 l_1 + S_2 l_2 \tag{1}$$

$$e = \rho\frac{l_1}{S_1}(i_1 + i_2) + \rho\frac{l_2}{S_2}i_2, \quad \rho：電線の抵抗率 \tag{2}$$

となって，(1)式を一見すると変数がS_1, S_2と二つあるように見受けられるが，(2)式で$S_2 = f(S_1)$とあらわされるので，S_1とS_2は独立変数でなく，変数が1個の場合に

帰着する．したがって(2)式でS_2をS_1であらわし，これを(1)式に代入して$V=F(S_1)$として求められる．しかし，この方法は計算がやっかいになるので，このような場合は次のように行う．

(1)をS_1について微分すると

$$\frac{dV}{dS_1} = l_1 + l_2 \frac{dS_2}{dS_1} \tag{3}$$

(2)をS_1について微分すると，

$$\frac{de}{dS_1} = \rho\left\{-\frac{l_1}{S_1^2}(i_1+i_2) - \frac{l_2}{S_2^2}i_2\frac{dS_2}{dS_1}\right\} = 0$$

ただし，定数eの微分は0になり，右辺第2項の微分は，

$$\frac{d}{dS_1}\frac{l_2 i_2}{S_2} = \frac{d}{dS_2}\left(\frac{l_2 i_2}{S_2}\right) \cdot \frac{dS_2}{dS_1} = -\frac{l_2 i_2}{S_2^2} \cdot \frac{dS_2}{dS_1}$$

$$\frac{dS_2}{dS_1} = -\frac{i_1(l_1+i_2)}{S_1^2} \times \frac{S_2^2}{l_2 i_2} = -\frac{l_1(i_1+i_2)}{l_2 i_2}\frac{S_2^2}{S_1^2} \tag{4}$$

(4)の関係を(3)に入れて0とおくと

$$\frac{dV}{dS_1} = l_1 - \frac{l_1(i_1+i_2)}{i_2} \cdot \frac{S_2^2}{S_1^2} = 0$$

$$\frac{S_2^2}{S_1^2} = \frac{i_2}{i_1+i_2}, \quad \therefore \quad \frac{S_2}{S_1} = \sqrt{\frac{i_2}{i_1+i_2}}$$

この極値を判定するのに，(3)式をS_1について微分すると

$$\frac{d^2V}{dS_1^2} = l_2 \frac{d}{dS_1}\left(\frac{dS_2}{dS_1}\right)$$

(4)式より

$$\frac{d}{dS_1}\left(\frac{dS_2}{dS_1}\right) = -\frac{l_1(i_1+i_2)}{l_2 i_2}\frac{d}{dS_1}\left(\frac{S_2^2}{S_1^2}\right)$$

ここに

$$\frac{d}{dS_1}\left(\frac{S_2^2}{S_1^2}\right) = \frac{2S_1^2 S_2 \frac{dS_2}{dS_1} - 2S_1 S_2^2}{S_1^4} = \frac{2S_2}{S_1^2}\frac{dS_2}{dS_1} - \frac{2S_2^2}{S_1^3}$$

$$= -\frac{2l_1(i_1+i_2)}{l_2 i_2} \cdot \frac{S_2}{S_1^2} \cdot \frac{S_2^2}{S_1^2} - \frac{2S_2^2}{S_1^3}$$

$$\frac{d^2V}{dS_1^2} = -\frac{2l_1(i_1+i_2)}{i_2 S_1} \cdot \frac{S_2^2}{S_1^2}\left\{-\frac{l_1(i_1+i_2)}{l_1 i_2}\frac{S_2}{S_1} - 1\right\}$$

これに極値の条件を代入すると，

$$\frac{d^2V}{dS_1^2} = \frac{2l_1(i_1+i_2)}{i_2 S_1} \cdot \frac{i_2}{i_1+i_2}\left\{\frac{l_1(i_1+i_2)}{l_2 i_2}\frac{\sqrt{i_2}}{\sqrt{i_1+i_2}} + 1\right\}$$

$$= \frac{2l_1}{S_1}\left(\frac{l_1}{l_2}\sqrt{\frac{i_1+i_2}{i_2}} + 1\right) = \frac{2l_1}{S_1}\left(\frac{l_1 S_1 + l_2 S_2}{l_2 S_2}\right) > 0$$

3 関数の極値についての例題

したがって，上記の S_2/S_1 は V を最小とする．

(注) $\dfrac{d}{dS_1}\left(\dfrac{S_2^2}{S_1^2}\right)$ を $-\dfrac{2S_2}{S_1^3}$ としてはならない．何故なら S_2 は定数でなく，S_1 の関数である．

電圧変動率

[例題 8] ある変圧器の％抵抗降下が p〔％〕，％リアクタンス降下が q〔％〕であるとき，最大電圧変動率を与える負荷力率を求めよ．

[解答] 負荷力率を $\cos\theta$ とすると

$$\text{％電圧変動率 } \varepsilon \fallingdotseq p\cos\theta + q\sin\theta$$

となる．この式を $\cos\theta$ で微分するとやっかいだから θ について微分する．

$$\frac{d\varepsilon}{d\theta} = -p\sin\theta + q\cos\theta, \quad \therefore \tan\theta = \frac{\sin\theta}{\cos\theta} = \frac{q}{p} = \tan\varphi$$

この $\tan\varphi = q/p$ は変圧器巻線のインピーダンス角 $\varphi = \tan^{-1}(x/r)$ に相当する．この極値を判定するために

$$\frac{d^2\varepsilon}{d\theta^2} = -(p\cos\theta + q\sin\theta)$$

これに $\varphi\,(0°<\varphi<\pi/2)$ を代入すると

$$(\varepsilon'')_{\theta=\varphi} = -(p\cos\varphi + q\sin\theta) < 0$$

となって，$\theta = \varphi$ は ε を最大とし，その値 ε_m は

$$\varepsilon_m \fallingdotseq p\cos\varphi + q\sin\varphi = p\frac{p}{\sqrt{p^2+q^2}} + q\frac{q}{\sqrt{p^2+q^2}} = \sqrt{p^2+q^2}$$

ε_m を与える負荷力率 $\cos\varphi = \dfrac{p}{\sqrt{p^2+q^2}}$

なお，この電圧変動率の式は，交流発電機，交流送配電線の場合にも適用できる．

[例題 9] 下記のような日負荷状態で使用する電灯用変圧器がある．

負荷／変圧器容量（小数）	負荷時間（時）
L_1 負荷にて	h_1
L_2 〃	h_2
L_3 〃	h_3

全日効率

この場合の全日効率を最大とするには，鉄損と銅損の比がどのような変圧器を用いるか．

全日効率

[解答] 変圧器の定格電流を I とすると鉄損 P_i は I に関係せず一定値であるが，銅損 $P_C = I^2 r\,(r；巻線抵抗)$ は I の2乗に比例し，この場合の全日効率 η は，負荷力率が1だから

$$\eta = \frac{1日中の出力電力量}{1日中の入力電力量} = \frac{EI\Sigma Lh}{EI\Sigma Lh + I^2 r\left(L_1^2 h_1 + L_2^2 h_2 + L_3^2 h_3\right) + P_i\Sigma h}$$

ただし，$\Sigma Lh = L_1 h_1 + L_2 h_2 + L_3 h_3$，$\Sigma h = h_1 + h_2 + h_3$

この式で変数はIであり，分母子をIで除すと，分子は一定値になるので分母をyとおくと

$$y = E\Sigma Lh + Ir\Sigma L^2 h + \frac{P_i}{I}\Sigma h$$

$$\frac{dy}{dI} = r\Sigma L^2 h - \frac{P_i}{I^2}\Sigma h = 0, \qquad \therefore\ I = \sqrt{\frac{P_i \Sigma h}{r\Sigma L^2 h}}$$

ただし，$\Sigma L^2 h = L_1^2 h_1 + L_2^2 h_2 + L_3^2 h_3$

この極値を判定すると

$$\frac{d^2 y}{dI^2} = \frac{2P_i}{I^3}\Sigma h,\ \text{上記の}I\text{を入れると}\ y'' = \frac{2(r\Sigma L^2 h)^{\frac{3}{2}}}{(P_i \Sigma h)^{\frac{1}{2}}} > 0$$

となって，上記のIはyを最小，したがってηを最大とする．このときの

$$\frac{\text{鉄損}(P_i)}{\text{銅損}(P_C)} = \frac{P_i}{I^2 r} = \frac{\Sigma L^2 h}{\Sigma h} = \frac{L_1^2 h_1 + L_2^2 h_2 + L_3^2 h_3}{h_1 + h_2 + h_3}$$

となる．このような変圧器を選定する．

　なお，この式は

$$P_i \Sigma h = I^2 r \Sigma L^2 h, \qquad 1\text{日中の鉄損電力量}＝1\text{日中の銅損電力量}$$

となるような変圧器を用いると，全日効率が最高になることをあらわしている．このことは損失が主として鉄損と銅損からなる電気機器一般に通用する．

[例題10]　L〔小数〕(%/100)負荷で効率が最高となる定格容量P〔kVA〕の3相変圧器からなる変電設備がある．いま，これに総負荷S〔kVA〕が負荷されるとき，何バンクを使用すると全損失は最小となるか．

[解答]　この変圧器の定格容量Pでの鉄損をP_i，銅損をP_Cとすると，α〔小数〕負荷では，鉄損は不変でP_iであり，銅損は$\alpha^2 P_C$となるので効率ηは

$$\eta = \frac{\text{出力}}{\text{入力}} = \frac{\text{出力}}{\text{出力}+\text{損失}} = \frac{\alpha P}{\alpha P + \alpha^2 P_C + P_i}$$

この分母子をαで除すと分子は定数になり，分母をyとおくと，

$$y = P + \alpha P_C + \frac{P_i}{\alpha}$$

$$\frac{dy}{d\alpha} = P_C - \frac{P_i}{\alpha^2} = 0, \qquad \alpha = L = \sqrt{\frac{P_i}{P_C}}$$

$$\frac{d^2 y}{d\alpha^2} = \frac{2P_i}{\alpha^3},\ \text{上記の}\alpha\text{を代入すると}\ \frac{2P_C^{\frac{3}{2}}}{P_i^{\frac{1}{2}}} > 0$$

最高効率　となるので，上記のαは最高効率を与え，このとき

$$L^2 P_C = P_i \qquad \text{銅損}＝\text{鉄損}$$

になる．さて，この場合の鉄損をP_iとすると，$P_C = P_i/L^2$になり，総負荷Sに対し，

nバンクを使用すると,

$$1\text{バンクの負荷率} = \frac{S}{n} \times \frac{1}{P} = \frac{S}{nP}$$

このときの1バンクの銅損$P_C{}'$は

$$P_C{}' = P_C\left(\frac{S}{nP}\right)^2 = \frac{P_i}{L^2}\left(\frac{S}{nP}\right)^2 = P_i\left(\frac{S}{nLP}\right)^2$$

nバンクの全損失 $P_0 = n(P_i + P_C{}') = P_i\left\{n + \frac{1}{n}\left(\frac{S}{LP}\right)^2\right\}$

$$\frac{dP_0}{dn} = P_i\left\{1 - \frac{1}{n^2}\left(\frac{S}{LP}\right)^2\right\} = 0 \qquad \therefore n = \frac{S}{LP}$$

この場合の第2次微係数を求めて,上記のnを代入すると$(2LPP_i/S) > 0$となり,上記のnはP_0を最小とする.もっとも既述したように,この場合は2数の積

$$n \times \frac{1}{n}\left(\frac{S}{LP}\right)^2 = \left(\frac{S}{LP}\right)^2 = \text{定数,和の最小は } n = \frac{1}{n}\left(\frac{S}{LP}\right)^2$$

としても求められる.

[**例題 11**] 各方向に等しい光度I[cd]を有する光源を図3・9のように設置して,水平距離bが一定な場合,P点において最大水平面照度を与える光源の高さhを求めよ.

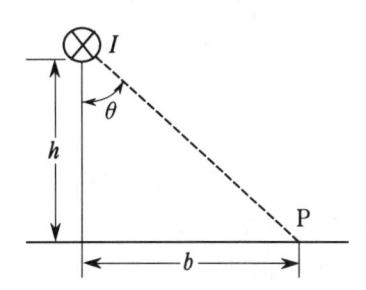

図3・9 $h(\theta)$:可変,$E_{hp} \to $最大

[**解答**] この場合のP点での照度ベクトルを画くと図3・10のようになり,図から明らかなように,

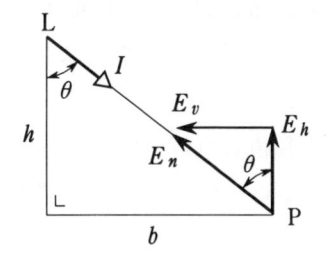

図3・10 P点での照度ベクトル

法線照度 $E_n = \dfrac{I}{LP^2} = \dfrac{I}{h^2 + b^2}$

水平面照度 $E_h = E_n \cos\theta = \dfrac{Ih}{(h^2+b^2)^{\frac{3}{2}}}$

垂直面照度 $E_v = E_n \sin\theta = \dfrac{Ib}{(h^2+b^2)^{\frac{3}{2}}}$

したがって，$E_h = Ih(h^2+b^2)^{-\frac{3}{2}}$

$$\frac{dE_h}{dh} = I\left\{(h^2+b^2)^{-\frac{3}{2}} - \frac{3}{2}h(h^2+b^2)^{-\frac{5}{2}}(2h)\right\} = 0$$

$$\frac{1}{\left(\sqrt{h^2+b^2}\right)^3} = \frac{3h^2}{\left(\sqrt{h^2+b^2}\right)^5}$$

$$\left(\sqrt{h^2+b^2}\right)^2 = 3h^2, \quad \therefore \quad h = \frac{b}{\sqrt{2}}$$

この極値を判定するのに

$$\frac{d^2E_h}{dh^2} = I\left\{-\frac{3}{2}(h^2+b^2)^{-\frac{5}{2}}(2h) - 6h(h^2+b^2)^{-\frac{5}{2}} + \frac{15}{2}h^2(h^2+b^2)^{-\frac{7}{2}}(2h)\right\}$$

これに $h = \dfrac{b}{\sqrt{2}}$，$h^2 = \dfrac{b^2}{2}$，$\sqrt{h^2+b^2} = \dfrac{\sqrt{3}b}{\sqrt{2}}$ を代入すると

$$(y'')_{h=b/\sqrt{2}} = -\frac{16}{9\sqrt{3b^4}}I < 0$$

となって，$h = b/\sqrt{2}$ は E_h を最大とし $E_{hm} = \dfrac{2\sqrt{3}I}{9b^2}$ となる．

なお，$E_h = \dfrac{I}{\left(\dfrac{b}{\sin\theta}\right)^2}\cos\theta = \dfrac{I}{b^2}\sin^2\theta\cos\theta$

として θ を変数として E_h の最大値を求めてみられよ．

最大照度

[例題 12] 蛍光灯を床上 h [m] の高さに鉛直に点灯した場合，蛍光灯直下の点から最大照度の点までの水平距離を計算せよ．ただし，蛍光灯は完全拡散光源とみなし，蛍光灯の長さは高さ h [m] の1/10以下とする．

完全拡散面

[解答] この場合，光源の長さが高さの1/10以下というのだから光源の大きさは考える必要はなく，点光源として取扱ってよい．また，完全拡散面というのは，どの方向にも同一のかがやきを有する理想的な発散面で，「完全拡散面のあらゆる方向の光度は，法線方向の光度に，その方向と法線のなす角の余弦を乗じたものに等しい」．これをランベルトの余弦法則という．

ランベルトの余弦法則

さて，本問では直線状光源が鉛直に点灯されているので，それと直角方向（法線方向）の光度を I とすると，これは図3・11のように水平方向にあって，これと $(90°-\theta)$ 角をなす方向の光度 I_θ は

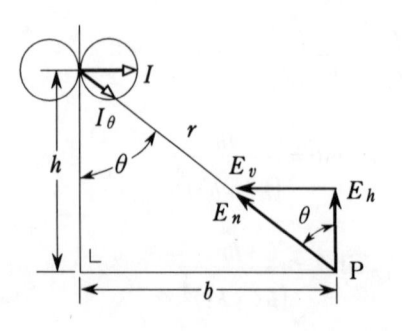

図 3・11　θ : 可変，$E_h \to$ 最大

3 関数の極値についての例題

$$I_\theta = I\cos(90° - \theta) = I\sin\theta$$

になる．また，この方向の被照面上のP点と光源間の距離をrとすると$r = h\sec\theta$で与えられる．このP点の水平照度E_hは

$$E_h = \frac{I\sin\theta}{r^2}\cos\theta = \frac{I}{h^2}\sin\theta\cos^3\theta$$

$$\frac{dE_h}{d\theta} = \frac{I}{h^2}\{\cos^4\theta + 3\cos^2\theta(-\sin\theta)\sin\theta\}$$

$$= \frac{I}{h^2}(\cos^4\theta - 3\sin^2\theta\cos^2\theta) = 0$$

$$\cos^2\theta - 3\sin^2\theta = 0, \quad \frac{1}{3} = \frac{\sin^2\theta}{\cos^2\theta} = \tan^2\theta$$

$$\tan\theta = \frac{1}{\sqrt{3}}, \quad \theta = 30°$$

その極値を判定すると

$$\frac{d^2E_h}{d\theta^2} = \frac{2I}{h^2}(3\cos\theta\sin^3\theta - 5\sin\theta\cos^3\theta)$$

これに$\theta = 30°$を代入すると $\dfrac{d^2E_h}{d\theta^2} = -\dfrac{3\sqrt{3}}{2}\dfrac{I}{h^2} < 0$

となるので，$\theta = 30°$は$E_h = f(\theta)$を最大とする．ゆえに，E_hを最大とする点の距離は光源直下の点から

$$b = h\tan\theta = h \times \frac{1}{\sqrt{3}} \cong 0.58h$$

ということになる．

以上は1変数関数$y = f(x)$の場合の極値の例であったが，2変数関数の場合は$(2\cdot18)$式以下で示したように，$z = f(x, y)$において，極値は$f_x(x, y) = 0$, $f_y(x, y) = 0$の連立方程式を解いてえられ，極値の判定は$f_{xx}(x, y) < 0$のとき極大，$f_{xx}(x, y) > 0$のとき極小になる．

4 関数の極値の要点

(1) **関数値の無限大と無限小**

$x \to a$ で $f(x) = \infty$, $g(x) = \infty$ であるとき,両者の比 $\lim\limits_{x \to a}\dfrac{f(x)}{g(x)} = \lambda$ とすると,

同位の無限大
- (1) λ が定数だと,$f(x)$ と $g(x)$ は同位の無限大,
 すなわち $f(x) \sim g(x)$ である.
- (2) λ が 0 だと,$g(x)$ の方が無限大になる速度が大,
 すなわち $g(x) \succ f(x)$ である.
- (3) λ が ∞ であると $f(x)$ の方が高位(無限大になる速度がより大きい)の無限大で
 $f(x) \succ g(x)$ である.

また,$x \to a$ で $f(x) \to 0$,$g(x) \to 0$ の場合には

- (1) λ が定数だと,$f(x)$ と $g(x)$ は同位の無限小 —— 無限小になる速度が等しい ——
 である.

高位の無限小
- (2) λ が 0 だと,$f(x)$ の方が高位の無限小である.
- (3) λ が $\pm \infty$ だと,$g(x)$ の方が高位の無限小である.

なお,$y = a_0 x^n + a_1 x^{n+1} + a_2 x^{n+2} + \cdots\cdots$. において $x \to 0$ の極限値を考えるとき,$a_0 x^n$ より高位の無限小は省略してよく,y の符号も性質もその極限において $a_0 x_n$ のみに支配される.

(2) **関数の極値と判定**

関数の極値を求めるには
- (1) 与えられた関数 $y = f(x)$ を x について微分して第1次導関数 $f'(x)$ を求め,
- (2) $f'(x) = 0$ とする x の根を求めればよい.

この $f'(x) = 0$ とする根 $x = a$ が極大を与えるか極小を与えるかの判定には次のような方法がある.

(a) **極点前後の関数値の変化による判定法**

十分に小さな正数 h をとったとき

極大点
- (1) 極大点では $f(a-h) < f(a) > f(a+h)$

極小点
- (2) 極小点では $f(a-h) > f(a) < f(a+h)$

変曲点
- (3) 変曲点では $f(a-h) < f(a) < f(a+h)$
 または $f(a-h) > f(a) > f(a+h)$

(b) **第1次導関数の符号の変化による判定法**

- (1) 極大点では,第1次導関数 $f'(x)$ の符号が正から負になる.
 すなわち $f'(a-h) > 0$, $f'(a+h) < 0$
- (2) 極小点では,第1次導関数 $f'(x)$ の符号が負から正になる.

すなわち $f'(a-h)<0$, $f'(a+h)>0$

(注) 本文図1・10のような場合にまで極大，極小を拡張して考えると，その関数の $x=a$ 点における第1次導関数 $f'(a)$ が有限確定しなくとも，a 点に

	左側	右側	
	$f'(x) \geq 0$,	$f'(x) \leq 0$	のとき極大点
	$f'(x) \leq 0$,	$f'(x) \geq 0$	のとき極小点

と判定される．

(c) 第2次導関数の符号による判定法

(1) 極大点では，第2次導関数 $f''(a)<0$ で負になり
(2) 極小点では，第2次導関数 $f''(a)>0$ で正になる
(3) 変曲点では，第2次導関数 $f''(a)=0$ になる

(注) (3)の逆は成立しない．すなわち，$f''(a)=0$ だから変曲点になるとはいい切れない．
一般には，この(3)の方法を用いるので，関数の極値を求めるには，この関数が極値をもつか否かを確かめ，極値を求めて極大値なり極小値を求める．すなわち，
「まず，$f(x)$ を x について微分して第1次導関数 $f'(x)$ を計算し，$f'(x)=0$ とする方程式の根 $a_1, a_2, \cdots\cdots$ を求める．さらに $f''(x)$ の式を計算して任意の根 a をこれに代入して，
　(1) $f''(a)<0$ なら，$x=a$ で $f(x)$ は極大で，その極大値は $f(a)$ になる．
　(2) $f''(a)>0$ なら，$x=a$ で $f(x)$ は極小で，その極小値は $f(a)$ になる．」
この $f''(a)=0$ のときは極大とも極小とも変曲点とも判定できない．一般に
「変数 x に関する関数 $f(x)$ において，$x=a$ で0にならない最初の導関数を $f^{(p)}(a)$ とすると，p が偶数であると，$f(x)$ は $x=a$ で極値をとり，
　$f^{(p)}(a)>0$ のとき極小，$f^{(p)}(a)<0$ のとき極大．
となり，p が奇数だと $f(x)$ は極値でなく変曲点である」

5 多変数関数の微分法の例題

多変数関数の一例として2変数関数の場合の極値の求め方を例題について説明しよう．

最大電力

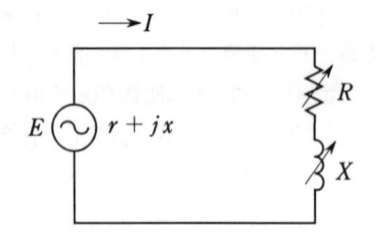

[例題 1] 図5·1のように内部インピーダンスが$z=r+jx$であって，一定の起電力Eを発生する単相交流電源より供給される出力は，負荷のインピーダンスがどのような値をとるとき最大となるか，その最大電力を求めよ．

図5·1 R, X：変数，$P \to$ 最大

消費電力

[解答] 負荷のインピーダンスを$Z=R+jX$とすると，その消費電力，すなわち電源より供給される電力Pは

$$P = I^2 R = \frac{E^2 R}{(R+r)^2 + (X+x)^2} = \frac{E^2}{R + \frac{r^2+(X+x)^2}{R} + 2r}$$

この式では分子が一定値であるから，Pを最大とするには分母を最小とすればよく，これをyとおくと，yは二つの変数RとXからなるので，その極値を求めるには

$$y = f(R, X) = R + \frac{r^2+(X+x)^2}{R} + 2r$$

$$f_R(R, X) = \frac{\partial y}{\partial R} = 1 - \frac{r^2+(X+x)^2}{R^2} = 0$$

$$f_X(R, X) = \frac{\partial y}{\partial X} = \frac{2(X+x)}{R} = 0$$

$R \neq 0$として，後式より$X+x=0$, $X=-x$，これを前式に代入すると$R=r$になる．次に，その極値を判定すると，

$$f_{RR}(R, X) = \frac{\partial^2 y}{\partial R^2} = 2\frac{r^2+(X+x)^2}{R^3}, \quad \therefore \ f_{RR}(r, -x) = \frac{2}{r} > 0$$

となって，上記に求めた極値はyを最小，したがってPを最大とする．そのときの負荷インピーダンスZおよび最大供給電力P_mの値は上記より

$$Z = R + jX = r - jx, \quad P_m = \frac{E^2 r}{(2r)^2} = \frac{E^2}{4r}$$

というようになる．

5 多変数関数の微分法の例題

[例題 2]　図5·2に示すように，無効電流(遅相分)が平等に分布された亘長lの3相3線式配電線において，送電端Aより距離l_Cの点Mにコンデンサを設置し，進相電流I_Cを線路に流して回収電力量(線路損失電力量の軽減分)を最大にしたい．これに適合するl_CとI_Cの値を求めよ．ただし，送電端での無効電流をI_Qとし，線路1条単位長当たりの抵抗をrとする．

回収電力

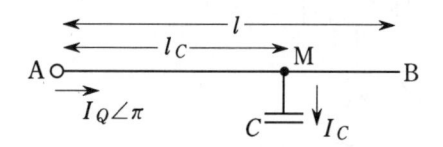

図5·2　l_C, I_C：可変，回収電力→最大

[解答]　まず線路上の電流分布を示すと図5·3のようになる．AD＝I_Qで送電端

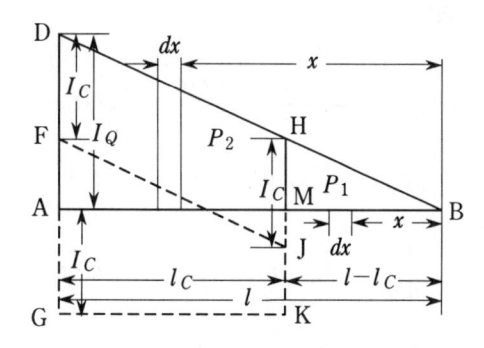

図5·3　線路上の電流分布

から供給される遅相無効電流で平等に分布されるので，その分布状態はADBのようになる．また，M点に設置されたコンデンサのとる進相無効電流I_Cの分布状態は点線のAGKMのようになる．線路上MBの部分には遅相分のみが流れ電流分布はMHBのようになり，AMの部分は遅相分と進相分の差が流れ，DF＝I_C，HJ＝I_Cとすると電流分布は点線のAFJMのようになり，全体としての電流分布はAFJHBとなる——M点の所はMの左側で－JMであり，右側で＋MHである——．

電流分布

線路損失

さて，線路上MB間の線路損失P_1を考えると，B点からxなる距離の点で微小部分dxをとると，単位長当たりの遅相無効電流は(I_Q/l)になるので，この部分に流れる電流は$(I_Q x/l)$になり，抵抗はrdxで，この微小部分の電力損失は$(I_Q x/l)^2 rdx$となり，MB間全体では，これを$x＝l-l_C$から$x＝0$までを積分したものになるので，

$$P_1 = \int_0^{l-l_C} \left(\frac{I_Q}{l} x\right)^2 rdx = \frac{I_Q^2 r}{l^2} \int_0^{l-l_C} x^2 dx = \frac{I_Q^2 r}{l^2} \left[\frac{x^3}{3}\right]_0^{l-l_C} = \frac{I_Q^2 r (l-l_C)^3}{3l^2}$$

次にAB間の線路損失P_2を求めるのに，前と同様にB点からxなる距離の点で微小部分をとると，その部分の電流は遅相分と進相分の差となるので$\{(I_Q x/l)-I_C\}$，また，線路抵抗はrdxになり，微小部分の電力損失は$\{(I_Q x/l)-I_C\}^2 rdx$になり，AM間全体では，これを$x＝l$から$x＝l-l_C$まで積分したもので

$$P_2 = \int_{l-l_C}^{l} \left(\frac{I_Q}{l} x - I_C\right)^2 rdx = \frac{I_Q^2 r}{l^2} \int_{l-l_C}^{l} x^2 dx - \frac{2I_Q I_C r}{l} \int_{l-l_C}^{l} xdx + I_C^2 r \int_{l-l_C}^{l} dx$$

$$= \frac{I_Q^2 r}{l^2} \left[\frac{x^3}{3}\right]_{l-l_C}^{l} - \frac{2I_Q I_C r}{l} \left[\frac{x^2}{2}\right]_{l-l_C}^{l} + I_C^2 r [x]_{l-l_C}^{l}$$

$$= \frac{I_Q^2 r \{l^3 - (l-l_C)^3\}}{3l^2} - \frac{I_Q I_C r (2ll_C - l_C^2)}{l} + I_C^2 r l_C$$

－57－

全線路損失Pは，このP_1とP_2の和となり，

$$P = P_1 + P_2 = \frac{I_Q^2 rl}{3} - 2I_Q I_C r l_C + \frac{I_Q I_C r l_C^2}{l} + I_C^2 r l_C$$

また，コンデンサを設置しない場合の全線路損失P_0は

$$P_0 = \int_0^l \left(\frac{I_Q}{l}x\right)^2 r\,dx = \frac{I_Q^2 r}{l^2}\left[\frac{x^3}{3}\right]_0^l = \frac{I_Q^2 rl}{3}$$

となるので求める回収電力量P_Sは

$$P_S = P_0 - P = 2I_Q I_C r l_C - \frac{I_Q I_C r l_C^2}{l} - I_C^2 r l_C$$

このP_Sの最大値を求めると

$$f_{IC}(I_C,\ l_C) = \frac{\partial P_S}{\partial I_C} = 2I_Q r l_C - \frac{I_Q r l_C^2}{l} - I_C r l_C = 0$$

$$2I_Q - \frac{I_Q l_C}{l} - 2I_C = 0 \tag{1}$$

$$f_{lC}(I_C,\ l_C) = \frac{\partial P_S}{\partial l_C} = 2I_Q I_C r - \frac{2I_Q I_C r l_C}{l} - I_C^2 r = 0$$

$$2I_Q - \frac{2I_Q l_C}{l} - I_C = 0 \tag{2}$$

(1)と(2)を連立方程式として解いてl_C, I_Cを求めると，(1)より

$$I_C = I_Q - \frac{I_Q l_C}{2l}$$

これを(2)に代入すると

$$2I_Q - \frac{2I_Q l_C}{l} - I_Q + \frac{I_Q l_C}{2l} = 0,\qquad I_Q = \frac{3I_Q l_C}{2l},\qquad \therefore\ l_C = \frac{2}{3}l$$

$$\therefore\ I_C = I_Q\left(1 - \frac{l_C}{2l}\right) = I_Q\left(1 - \frac{1}{3}\right) = \frac{2}{3}I_Q$$

その極値を判定する．

$$f_{ICIC}(I_C,\ l_C) = \frac{\partial^2 P_S}{\partial I_C^2} = -2r l_C$$

$$f_{ICIC}\left(\frac{2}{3}I_Q,\ \frac{2}{3}l\right) = -\frac{4}{3}rl < 0$$

ゆえに，$l_C = \frac{2}{3}l$, $I_C = \frac{2}{3}I_Q$はP_Sに極大値を与える．

以上は1相について取扱ったが，3相3線全体としての回収電力量は

$$P_S = 3P_S = 3I_C l_C r\left(2I_Q - \frac{I_Q l_C}{l} - I_C\right) = 3I_C l_C r\left\{I_Q\left(2 - \frac{l_C}{l}\right) - I_C\right\}$$

上記のようにして，これを最大としたときは

$$P_{Sm} = 3\frac{2I_Q}{3}\cdot\frac{2l}{3}r\left\{I_Q\left(2 - \frac{2l}{3l}\right) - \frac{2}{3}I_Q\right\} = \frac{8}{9}I_Q^2 lr$$

というようになる．

6　多変数関数の微分法の要点

(1) 偏微分, 偏微分係数, 偏導関数

これらの意義は独立した2変数x, yからなる連続関数$z=f(x, y)$において, これをxについて偏微分した

$$\frac{\partial z}{\partial x} = f_x(x, y)$$

はzx面と平行な平面群が$z=f(x, y)$をあらわす曲面と交わって生ずる曲線群の導関数をあらわし, これをxについて積分すると元の曲線群になる. これは$z=f(x, y)$のyに変域内の一定な値を与えた場所に相当する. 同様に

$$\frac{\partial z}{\partial y} = f_y(x, y)$$

はyz面と平行な平面群が曲面と交わって生ずる曲線群の導関数をあらわし, これをyについて積分すると元の曲線群になる. これは$z=f(x, y)$のxに変域内の一定な値を与えた場合に相当する.

2変数関数

(2) 2変数関数の全微分と応用

$z=f(x, y)$において, xの増分をdx, yの増分をdyとしたとき, zの増分dzは

$$dz = \frac{\partial z}{\partial x}dx + \frac{\partial z}{\partial y}dy = f_x(x, y)dx + f_y(x, y)dy$$

となる. このdzを$z=f(x, y)$の全微分という. 上式はまた

$$\frac{dz}{dx} = \frac{\partial z}{\partial x} + \frac{\partial z}{\partial y}\frac{dy}{dx} = f_x(x, y) + f_y(x, y)y'$$

と書くこともできる. この応用として

(1) 2変数関数の増分が上式で求められる.

(2) 陰関数の微分に応用すると $\dfrac{dy}{dx} = -\dfrac{f_x(x, y)}{f_y(x, y)}$

高次偏微分係数

(3) 高次偏微分係数と応用

第2次偏微分係数は

$$\frac{\partial}{\partial x}\left(\frac{\partial z}{\partial x}\right) = \frac{\partial^2 z}{\partial x^2} = f_{xx}(x, y), \quad \frac{\partial}{\partial y}\left(\frac{\partial z}{\partial x}\right) = \frac{\partial^2 z}{\partial y \partial x} = f_{yx}(x, y)$$

$$\frac{\partial}{\partial y}\left(\frac{\partial z}{\partial y}\right) = \frac{\partial^2 z}{\partial y^2} = f_{yy}(x, y), \quad \frac{\partial}{\partial x}\left(\frac{\partial z}{\partial y}\right) = \frac{\partial^2 z}{\partial x \partial y} = f_{xy}(x, y)$$

ただし, 上記を単に$f_{xx}, f_{yx}, f_{yy}, f_{yx}$などと記すこともある.

というようになる. 第2次以上も同様にして求められる.

6 多変数関数の微分法の要点

ここに，関数zおよびその第1次，第2次偏導関数が連続であると，

$$\frac{\partial^2 z}{\partial x \partial y} = \frac{\partial^2 z}{\partial y \partial x}. \quad \text{すなわち} \quad f_{xy}(x, y) = f_{yx}(x, y)$$

になる．これをさらにおし進めると次の関係が成立つ．

$$\frac{\partial^{p+q} z}{\partial x^p \partial y^q} = \frac{\partial^{p+q} z}{\partial y^q \partial x^p}$$

この高次偏微分係数を用いて，陰関数$f(xy)=0$の第2次微係数を求めると，

$$\frac{d^2 y}{dx^2} = -\frac{1}{f_y^3}\left\{f_{xx}f_y^2 - 2f_{xy}f_x f_y + f_{yy}f_x^2\right\}$$

また，3変数の陰関数表示，すなわち$f(x, y, z)=0$の偏微分係数を求めると，

$$\frac{\partial z}{\partial x} = -\frac{f_x}{f_z}. \qquad \frac{\partial^2 z}{\partial x^2} = -\frac{f_{xx}f_z^2 - 2f_x f_z f_{zx} + f_{zz}f_x^2}{f_z^3}$$

$$\frac{\partial z}{\partial y} = -\frac{f_y}{f_z}. \qquad \frac{\partial^2 z}{\partial y^2} = -\frac{f_{yy}f_z^2 - 2f_y f_z f_{zy} + f_{zz}f_y^2}{f_z^3}$$

$$\frac{\partial^2 z}{\partial x \partial y} = \frac{\partial^2 z}{\partial y \partial x} = -\frac{f_{xy}f_z^2 - (f_{zx}f_y + f_{zy}f_x)f_z + f_{zz}f_x f_y}{f_z^3}$$

などがえられる．

2変数関数

(4) 2変数関数の極値と判定法

$z = f(x, y)$において，

$f_{xy}^2 - f_{xx}f_{yy} > 0$の場合は極値はない．

$f_{xy}^2 - f_{xx}f_{yy} < 0$の場合は極値をもつ．

極値は$f_x = 0, f_y = 0$の連立方程式の根になり，

$f_{xx} < 0$のとき極大

$f_{xx} > 0$のとき極小

多変数関数

(5) 多変数関数の全微分と極値

今，$y = f(x_1, x_2, \cdots, x_n)$と$n$箇の変数からなる多変数関数の全微分は

$$dy = dx_1 f_{x_1}(x_1, x_2, \cdots, x_n) + dx_2 f_{x_2}(x_1, x_2, \cdots, x_n) + \cdots$$
$$+ dx_n f_{x_n}(x_1, x_2, \cdots, x_n)$$

によって求められる．

3変数関数

また，例えば3変数関数$u = f(x, y, z)$の極値は

$$f_x(x, y, z) = 0, \quad f_y(x, y, z) = 0, \quad f_z(x, y, z) = 0$$

なる3元連立方程式の根として求められ，極値の判定は

$f_{xx} = a, f_{yy} = b, f_{zz} = c, f_{xy} = \alpha, f_{yz} = \beta, f_{zx} = \gamma$とすると

$a < 0, b < 0, c < 0, \Delta < 0$ のときは極大

$a > 0, b > 0, c > 0, \Delta > 0$ のときは極小

ただし $\Delta = abc + 2\alpha\beta\gamma - a\beta^2 - b\gamma^2 - c\alpha^2$

7 演習問題

7·1 関数の極値の演習問題

(1) $x \to 0$ なるとき，次の関数 $f(x)$ は x に関して第何位の無限小になるか．

   (a) $1 - \cos x$ (b) $\log \dfrac{1+x}{1-x} - 2\sin x$

(2) 次の関数の極限値を求めよ．

   (a) $\displaystyle\lim_{x \to 1} \dfrac{x^2 + x - 2}{x^2 - 1}$

   (b) $\displaystyle\lim_{x \to 0} \dfrac{\sqrt{1-(a+x)^2} - \sqrt{1-a^2}}{x}$

   (c) $\displaystyle\lim_{x \to 1} \dfrac{\log x}{x - 1}$

   (d) $\displaystyle\lim_{x \to 0} \dfrac{\varepsilon^x - \varepsilon^{-x}}{\sin x}$

(3) 次の各関数の極値を求めよ．

   (a) $f(x) = 2x^3 - 3x^2 + 6$

   (b) $f(x) = \dfrac{cx}{ax^2 + 2bx + a}$ ただし $a > 0$

   (c) $f(x) = \sqrt{3}\sin\theta + \cos\theta$ ただし $0 < \theta < \pi/2$

   (d) $f(x) = \varepsilon^x \cos x$ ただし $0 < x < \pi/2$

   (e) $f(x) = \varepsilon^{\alpha x} + \varepsilon^{-\alpha x}$ ただし $\alpha > 0$

   (f) $f(x) = (x-1)^3 (x-2)^2$

   (g) $f(x) = x\sqrt{4x - x^2}$ ただし $x > 0$

   (h) $f(\theta) = (1 + 2\cos^2\theta)\sin\theta$

   (i) $f(x) = \varepsilon^x + \varepsilon^{-x} + 2\cos x$ は $x = 0$ で極大か極小か．

   (j) $2x^2 - 4xy + 6y^2 = 24$ なるとき $(x + y)$ の極値は．

〔答〕

(1) (a) 第2位   (b) 第3位

(2) (a) 1.5 (b) $-a/\sqrt{1-a^2}$ (c) 1 (d) 2

(3) (a) $x=0$ は極大値 6, $x=1$ は極小値 5

(b) $x=1$ は極小値 $c/2(a+b)$, $x=-1$ は極大値 $c/2(a-b)$

(c) $\theta=\pi/3$ は極大値 2

(d) $x=\pi/4$ は極大値 $\varepsilon^{\pi/4}\cos(\pi/4)$

(e) $x=0$ は極小値 2

(f) $x=0$ は極小値 0, $x=8/5$ は極大値 0.03456

(g) $x=3$ は極大値 5.196

(h) n を整数として $\theta=n\pi+(-1)^n\pi/4$ 極大値 $\sqrt{2}$, $\theta=n\pi-(-1)^n\pi/4$ は極小値 $-\sqrt{2}$

(i) $f^{(n)}(0)=4>0$ となり, $x=0$ で $f(x)$ は極小値 4

(j) $x=-4$, $y=-2$ は $(x+y)$ を極小値 -6 とする.

7・2 多変数関数の微分法の演習問題

(1) 次の関数の f_x, f_y, f_z を求めよ.

(a) $x^2+3xy-5x$ (b) $\sqrt{x^2+y^2}$ (c) $(ax^2+by^2+cz^2)^n$

(d) $\tan^{-1}\dfrac{x}{y}$ (e) x^y (f) $\dfrac{\varepsilon^{xy}}{\varepsilon^x+\varepsilon^y}$

（注）(b) の応用として $x=8.06$, $y=6.04$ のときの $\sqrt{x^2+y^2}$ を求めよ. 本文 (2・4) 式を参照.

(2) 次の関数の全微分を求めよ.

(a) $z=\sqrt{a^2-x^2-y^2}$ (b) $z=\sin xy$ (c) $z=x^{\log y}$

(d) $z=y^{\sin x}$ (e) $z=\log x^y$ (f) $z=x^{yz}$

(3) 次の陰関数の $\dfrac{dy}{dx}$ を求めよ.

(a) $(x^2+y^2)^2-a(x^2-y^2)=0$ (b) $x^4+2ax^2y-3y^3=0$

(c) $x^2y^4+\sin y=0$ (d) $(x+y)^{\frac{3}{2}}+(x-y)^{\frac{3}{2}}=a$

(4) $x^3-3bxy+y^3=0$ および $y=1+x\varepsilon^y$ の y'' を求めよ.

(5) $x^xy^yz^z=1$ の $\dfrac{\partial^2 z}{\partial x^2}$, $\dfrac{\partial^2 z}{\partial x\partial y}$ を求めよ.

(6) $z^2=u^2-v^2$, $u=x\cos ay$, $v=y\sin ax$ の $\dfrac{\partial^2 z}{\partial x^2}$, $\dfrac{\partial^2 z}{\partial y^2}$, $\dfrac{\partial^2 z}{\partial x\partial y}$ を求めよ.

(7) 次の陰関数 y の極値を求めよ.

(a) $2x^2-2x-2xy+y^2=0$

7·2 多変数関数の微分法の演習問題

  (b) $x^3 + ax^2 - y^3 = 0$

  (c) $4ax^3 + 3a^2y^2 + xy^3 = 0$ ただし $a > 0$

(8) 次の2変数関数の極値を求めよ．

 (a) $z = x^2 + xy + y^2 - 5x - y$ (b) $z = x^2 - 3axy + xy^2$

 (c) $z = \dfrac{(ax + by + c)^2}{x^2 + y^2 + 1}$ (d) $z = \sin x + \sin y + \cos(x+y)$

〔解答〕

(1) (a) $2x + 3y - 5,\ 3x$ (b) $\dfrac{x}{\sqrt{x^2+y^2}},\ \dfrac{y}{\sqrt{x^2+y^2}}$

 (c) $2nax(ax^2 + by^2 + cz^2)^{n-1}$ (d) $-\dfrac{y}{x^2+y^2},\ \dfrac{x}{x^2+y^2}$

 (e) $yx^{y-1},\ x^y \log x$ (f) $\dfrac{\{y(\varepsilon^x + \varepsilon^y) - \varepsilon^x\}\varepsilon^{xy}}{(\varepsilon^x + \varepsilon^y)^2},\ \dfrac{\{x(\varepsilon^x + \varepsilon^y) - \varepsilon^y\}\varepsilon^{xy}}{(\varepsilon^x + \varepsilon^y)^2}$

 (注) の答, 10.072, これは, また $Z = R + jX = 8 + j6$ において, Rの測定に $+6\%$, X の測定に $+4\%$ の誤差があったとき, Zの誤差は何程かというのと同一になり, 合成誤差は7.2%になる.

(2) (a) $-\dfrac{1}{z}(xdx + ydy)$ (b) $\cos(xy)(ydx + xdy)$

 (c) $z\left(\dfrac{\log y}{x}dx + \dfrac{\log x}{y}dy\right)$ (d) $y^{\sin x} \log y \cos x dx + \sin x y^{(\sin x)-1} dy$

 (e) $\dfrac{y}{x}dx + \log x\, dy$ (f) $x^{yz-1}(yz\,dx + zx \log x\, dy + xy \log x\, dz)$

(3) (a) $-\dfrac{x(2x^2 + 2y^2 - a^2)}{y(2x^2 + 2y^2 + a^2)}$ (b) $\dfrac{4x^3 + 4axy}{3ay^2 - 2ax^2}$

 (c) $-\dfrac{2xy^4}{4x^2y^3 + \cos y}$ (d) $\dfrac{\sqrt{x-y} + \sqrt{x+y}}{\sqrt{x-y} - \sqrt{x+y}}$

(4) $\dfrac{2b^3xy}{(bx-y^2)^3},\ \dfrac{(3-y)(1-y)^2}{x^2(2-y)^3}$

(5) $-\dfrac{x(\log x + 1)^2 + z(\log z + 1)^2}{xz(\log z + 1)^3},\ -\dfrac{(\log x + 1)(\log y + 1)}{z(\log z + 1)^3}$

(6) $2(\cos^2 ay - a^2y^2 \cos 2ax),\ -2(\sin^2 ax + a^2x^2 \cos 2ay),$
 $-2a(x \sin 2ay + y \sin 2ax)$

(7) (a) $x = 1 + \dfrac{1}{\sqrt{2}}$ で極大, 極大値 $1 + \sqrt{2}$, $x = 1 - \dfrac{1}{\sqrt{2}}$ で極小, 極小値 $1 - \sqrt{2}$

 (b) $x = -\dfrac{2a}{3}$ で極大, 極大値 $\dfrac{\sqrt[3]{4}}{3}a$

(c) $x = \dfrac{3a}{2}$ で極大,極大値 $-3a$

(8) (a) 極小値 $f(3, -1) = -7$

(b) 極小値 $f\left(\dfrac{\sqrt{3}}{2}a, \dfrac{3}{2}a\right) = \dfrac{3a^2}{4}\left(1 - \dfrac{3\sqrt{3}}{2}a\right)$

(c) 極大値 $f\left(\dfrac{a}{c}, \dfrac{b}{c}\right) = a^2 + b^2 + c^2$

(d) 極小値 $f\left(\dfrac{3\pi}{2}, \dfrac{3\pi}{2}\right) = -3$,極大値 $f\left(\dfrac{\pi}{6}, \dfrac{\pi}{6}\right) = \dfrac{3}{2}$

7·3 微分法の演習問題

(1) 図に示したダイオード等価回路の電流が

$$I = I_0 \varepsilon^{\frac{qV}{kT}}$$

ただし,V:印加電圧,q:電子(正孔)の電荷,T:絶対温度,I_0:飽和電流,
で与えられたとき,回路の順方向の等価抵抗を求めよ.

(2) サーミスタの抵抗 R は

$$R = K\varepsilon^{\frac{C}{T+kP}}$$

ただし,P:供給電力,T:周囲温度,K,C,k:定数
で与えられるとき,これをマイクロ波の電力を測定する場合の検出器として用いたときの検出感度を求めよ.

(3) 抵抗 R_1,R_2 および自己インダクタンス L_1,L_2 からなる図のようなブリッジ回路において,AB 端子間に周波数 f の正弦波電圧 e を加えたとき,この e と CD 端子間の電圧 e' の相差を $\pi/2$ となるようにする.この場合,周波数 f の変動 $d\omega$ ($\omega = 2\pi f$) に対する相差の変動 $d\varphi$ の比 ($d\varphi/d\omega$) を求めよ.

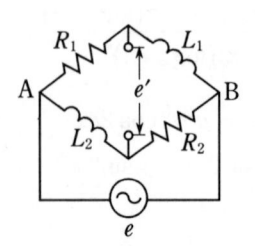

(4) 同期電動機において回転磁極が電機子磁界より遅れる角を θ としたとき,θ の如何なる範囲において安定運転を行いうるか.

(5) アーク長をl，アーク電流をI，アーク電圧をVとしたとき，これらの間の関係が次式で示されるとき，

(イ) $V = \alpha + \beta l + \dfrac{\gamma + \delta l}{I}$ （エールトン夫人の式）

(ロ) $V = \alpha + \beta l + \dfrac{\gamma + \delta l}{I^n}$ （ノッチンガムの式）

(ハ) $V = V_0 + \dfrac{\alpha(\beta + l)}{\sqrt{I}}$ （スタインメッツの式）

ただし，α, β, γ は定数，V_0 は両極での電圧降下

アーク長lを一定として，それぞれの場合の直列安定抵抗Rの値を求めよ．

(6) アーク灯のアーク電圧Vとアーク電流の関係が

$$V = 72 + \frac{80}{I}$$

で与えられるとき，次に答えよ．
  (イ) これに2Ωの安定抵抗を直列に入れて，電圧100Vを加え安定に点灯したときの電流を求めよ．
  (ロ) 上記において最小電圧で点灯したときのアーク電流を求めよ．

(7) 交流電圧E_1，E_2とその相差角θを知って，そのベクトル差Eを求める場合，θの測定での微小誤差$\Delta\theta$に対するEの計算値の誤差ΔEを求めよ．

(8) 変圧器の供給電位を一定としたとき，周波数に$\pm q$〔%〕の変動があるとき鉄損の変動は何%になるか．

(9) 電動機のトルクτが磁束の2乗に比例し，$\tau = k\phi^2$（k：定数）で示されるとき，ϕに±4%の変化があるとτは何%変化するか．

(10) 鋼球群の中から直径が$2r$〔cm〕である球をその重さを測ることによって選出する場合，球の直径における許容誤差がp〔%〕であるとき，重さにおける許容誤差は何%になるか．

(11) 電熱器の電熱線の直径がq〔%〕減少したときの同一使用温度における抵抗および同一使用電圧における発熱量は如何に増減するか．

(12) 起電力e，内部抵抗rである蓄電池N個がある．これを直並列に接続して，外部抵抗Rに電流を供給するとき，最大供給電流をうる直列個数および並列数を問う．

(13) 図のように抵抗R，自己インダクタンスL，静電容量Cを直列とした回路のAB端子間に周波数fの一定交流電圧を加え，Lを調整して，その端子電圧E_Lを最大とするLの値を求めよ．

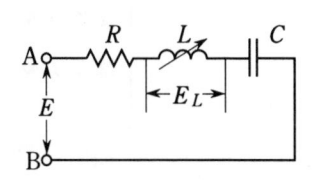

(14) 抵抗r，リアクタンスxを通じて一定電圧Eを与え，無誘導抵抗Rに電力を供給するとき，Rの如何なる値にて受電電力は最大になるか．

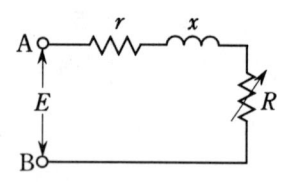

(15) 前問において，負荷を抵抗Rの代わりにインピーダンスとし，供給点ABにおける供給電力と線路抵抗rに消費される電力の比nを一定とした場合，負荷インピーダンスの力率が何程のときAB端子間での供給電力が最大になるか．

(16) 図のような交流回路でAB端子の電圧Eを一定とし，抵抗Rを調整したとき，AB端子間における入力を最大とするRの値を求めよ．ただし，xは誘導リアクタンスとする．

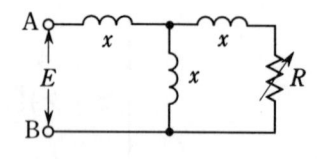

(17) 図のように相互インダクタンスMで結合された回路の1次側に周波数fの一定電圧Eを加えたとき，どのようなMの値で2次側電流I_2は最大になるか．ただし，R_1，R_2は抵抗，L_1，L_2は自己インダクタンス，Cは静電容量とする．

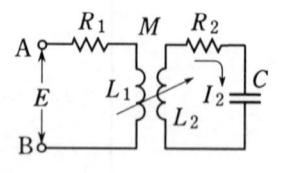

(18) 1線の抵抗20Ω，リアクタンス60Ωの3相3線式1回線の送電線路がある．受電端負荷の力率は，調相機によって任意に調整できるものとする．いま，受電端電圧を60kV，送電端電圧を66kVに保つ場合，この送電線路で受電することのできる電力は最大何kWとなるかを計算せよ．

(19) 図のような単相2線式配電線で，Aをき電点とし，その電圧を200V，CおよびDを負荷点とし，その電圧を196Vとし，負荷力率は1で負荷電流は30Aおよび20Aとすると，所要電線量を最小とするには各区間の電線の断面積をどのように選定するか．ただし，線路のリアクタンスは無視し，電線の抵抗率ρを$(1/55)$Ω$(1\mathrm{m}/1\mathrm{mm}^2)$とする．

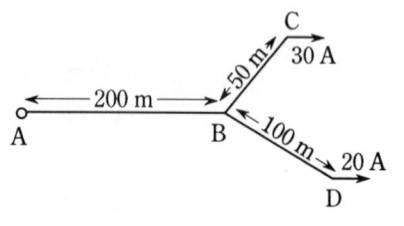

(20) ある変圧器の百分率抵抗降下が2%，百分率リアクタンス降下が3%であるとき，力率80%の場合の電圧変動率はいくらか．また，最大電圧変動率とそのときの力率を求めよ．

(21) 直流直巻電動機において供給電圧がE，電機子および界磁回路の合成抵抗がrであるとき，その機械的出力が最大なときに効率が最高となるためには，どのような条件を要するか．ただし，抵抗損失以外の損失は一定値でwとし，供給電圧は不変とする．

(22) 蛍光灯を床上h〔m〕の高さに鉛直に点灯した場合，蛍光灯直下の点から鉛直面

7・3 微分法の演習問題

照度ならびに法線照度を最大とする点までの水平距離を計算せよ．ただし，蛍光灯は完全拡散光源とみなし，蛍光灯の長さは h の $1/10$ 以下とする．

(23) 1ヶ月 H 時間点灯する定額灯がある．1ヶ月の電気料金を Q 円，電球1個の代価を C 円とすると，1ワット当たりの収入を最大とする電球の寿命は何程になるか．ただし，寿命を L 時間，電球の効率を η [lm/W] とすると，α，β を定数として次の関係があるものとする．

$$L = \alpha \eta^\beta$$

(24) 検流計Dに分路抵抗 S を接続し，これに直列抵抗 r を挿入して一定電圧 E に接続する．いま，この S と r をともにわずかに変化してもDのふれを同一とする条件を求めよ．ただし，Dの内部抵抗は g とする．

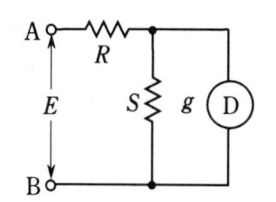

(25) 図のような回路のAB端子間に周波数 f の一定交流電圧 E を加え，抵抗 R と静電容量 C を調整したとき，R に消費される電力の最大値を求めよ．ただし，L はインダクタンスとする．

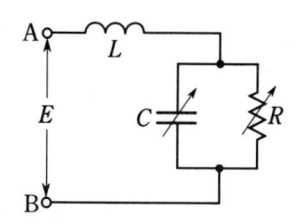

〔解答〕

(1) $r = \dfrac{kT}{qI}$

(2) $\dfrac{dR}{dP} = \dfrac{CkR}{(T+kP)^2} = -\dfrac{kR}{C}\left(\log_\varepsilon \dfrac{R}{K}\right)^2$

(3) $\left(\dfrac{d\varphi}{d\omega}\right)_{\omega_0} = \dfrac{2L_1L_2}{L_1R_2 + L_2R_1}$

(4) 理論的には θ が $0°$ から $90°$ の間になる（実際は $\theta_m = \arctan(x_S/r)$，ただし，$x_S$：電機子同期リアクタンス，$r$：電機子抵抗とすると，$\theta < \theta_m$ が安定運転の範囲とされている．)

(5) （イ）$R > \dfrac{\gamma+\delta l}{I_2}$　（ロ）$R > \dfrac{n(\gamma+\delta l)}{I^{n+1}}$　（ハ）$R > \dfrac{\alpha(\beta+l)}{2I^{\frac{3}{2}}}$

(6) （イ）10A　（ロ）6.32A

(7) $\Delta E = \dfrac{E_1 E_2}{E}\sin\theta\Delta\theta$

(8) $\mp 0.75q$ 〔％〕

(9) ± 8 〔％〕

(10) $3p$ 〔％〕

(11) 抵抗 $+2q$ 〔％〕，発熱量 $-2q$ 〔％〕

(12) 直列個数 $n = \sqrt{\dfrac{R}{r}N}$, 並列数 $m = \sqrt{\dfrac{r}{R}N}$

(13) $L = \dfrac{1 + (2\pi fC)^2 R^2}{(2\pi f)^2 C}$

(14) $R = \sqrt{r^2 + x^2}$

(15) $\cos\varphi = \dfrac{(n-1)r}{\sqrt{x^2 + r^2(n-1)^2}}$

(16) $R = \dfrac{3}{2}x$

(17) $M = \sqrt{R_1 R_2}\big/2\pi f$

(18) 44 500 kW

(19) 125 mm^2, 51 mm^2, 68 mm^2

(20) 3.4 〔%〕, 0.56, 3.6 〔%〕

(21) 負荷電流 $I = \sqrt{w/r}$

(22) h, $0.707h$

(23) $L = \dfrac{(1-\beta)CH}{Q}$

(24) $\dfrac{\Delta r}{\Delta s} = \dfrac{g+r}{g+S}$

(25) 一応は $R = \sqrt{2}\omega L$, $C = 1/(2\omega^2 L)$ で極値があるように見受けられるが, $f_{xy}{}^2 - f_{xx}f_{yy} = 8\omega^4 L^2 > 0$ となって極値はない. —— $R = \infty$ で電力は0になる ——

索引

関数

1価関数	21
1変数関数の極値	35
2元連続関数	22
2変数関数	59, 60
3極真空管	25
3極真空管の3定数	25
3変数関数	60

ア行

陰関数	17, 32
陰関数の微分	28

カ行

回収電力	57
角点	6
完全拡散面	52
狭義の極大，極小	10
極限値	1
極小	19
極小値	10
極小点	15, 16, 54
極大	19
極大値	10
極大点	15, 16, 54
極値	14, 37
極点	4, 36
極点（停留点）	6
広義の極大，極小	10
高位の無限小	3, 54
高位の無限大	2
高次導関数	18
高次偏微分係数	59

サ行

最高効率	50
最小値	40

サ行（続き）

最大照度	52
最大値	40
最大電力	46, 56
消費電力	44, 56
尖点	6
線路損失	45, 57
全日効率	49
全微分	26, 38
相互コンダクタンス	25
増幅率	25

タ行

多価関数	21
多変数関数	21, 60
多変数関数の全微分	38
第1次導関数	12
第2次導関数	15
第2次偏微分係数	29
第3次偏微分係数	29
第n位の無限小	3
テイラーの定理	5
停留点	6, 8
転換点	6
電圧変動率	49
電流分布	57
同位の無限小	3
同位の無限大	2, 54
独立変数	21

ナ行

内部抵抗	25

ハ行

平均値の定理	26
偏導関数	23
偏微分	22
偏微分係数	22

索 引

変曲点 6, 11, 16, 18, 19, 54
変数 1

マ行

無限小 2
無限小の位数 3
無限大の位数 1

ラ行

ランベルトの余弦法則 52
連続 22

d-book
関数の極大値・極小値と多変数関数の微分

2000年8月20日 第1版第1刷発行

著 者　田中久四郎
発行者　田中久米四郎
発行所　株式会社電気書院
　　　　東京都渋谷区富ケ谷二丁目2-17
　　　　（〒151-0063）
　　　　電話03-3481-5101（代表）
　　　　FAX03-3481-5414
制 作　久美株式会社
　　　　京都市中京区新町通り錦小路上ル
　　　　（〒604-8214）
　　　　電話075-251-7121（代表）
　　　　FAX075-251-7133

印刷所　創栄印刷株式会社
ⓒ2000HisasiroTanaka　　　　　　Printed in Japan
ISBN4-485-42919-9　　［乱丁・落丁本はお取り替えいたします］

〈日本複写権センター非委託出版物〉

　本書の無断複写は，著作権法上での例外を除き，禁じられています．
　本書は，日本複写権センターへ複写権の委託をしておりません．
　本書を複写される場合は，すでに日本複写権センターと包括契約をされている方も，電気書院京都支社（075-221-7881）複写係へご連絡いただき，当社の許諾を得て下さい．